Schäffer | Vogelbestimmung für Einsteiger

W0085372

Anita Schäffer

Vogelbestimmung für Einsteiger

30 Arten einfach erkennen

Quelle & Meyer Verlag Wiebelsheim

Die Angaben in diesem Buch sind vom Autor und dem Verlag sorgfältig erwogen und geprüft, dennoch kann keine Garantie übernommen werden. Eine Haftung des Autors bzw. des Verlags und seiner Beauftragten für Personen-, Sach- und Vermögensschäden ist ausgeschlossen.

Bibliografische Information der Deutschen Nationalbibliothek
Die Deutsche Nationalbibliothek verzeichnet diese Publikation in der Deutschen Nationalbibliografie; detaillierte bibliografische Daten sind im Internet über http://dnb.d-nb.de abrufbar.

© 2021 by Quelle & Meyer Verlag GmbH & Co., Wiebelsheim
www.quelle-meyer.de

Umschlagabbildungen:
vorne: Pixabay TheOtherKev (o.), Pixabay Beverly Buckley (u. li.), Pixabay nobbymg (u. m.), Pixabay Susann Mielke (u. re.)
hinten: LBV-Archiv H. Henderkes (li.), M. Römhild (m.), M. Schäf (re.)
Piktogramme: A. Schäffer

Druck und Verarbeitung: Belvédère Print & Packaging b.v.
Printed in Europe/Imprimé en Europe
ISBN 978-3-494-01813-3

Inhalt

6

Ein paar Worte vorweg

Vögel sind fast immer und überall zu beobachten. Viele Vogelarten sind tagaktiv, einige sind oft eher zu hören als zu sehen. Gelegentlich nimmt man einen Vogel auch nur „aus dem Augenwinkel" wahr, bevor er schon wieder weg ist. Menschen, die sich bisher nicht mit Vogelarten beschäftigt haben, beschreiben oft eine Situation, in der ihnen ein Vogel aufgefallen ist, und fragen dann: Welche Art könnte es gewesen sein?

Anhand der Beschreibung solch alltäglicher Situationen in verschiedenen Lebensräumen lassen sich etliche Vogelarten schon ohne große Artenkenntnis klar bestimmen. Tatsächlich sind 30 Arten innerhalb kurzer Zeit schnell und leicht gelernt.

Dieses Buch ist eine Art Methodenbuch für Anfänger mit Tipps und Tricks, wie man sich langsam ein Wissen bei der Beobachtung und Bestimmung von Vögeln zulegen und sich Arten anhand von Aussehen, Stimme, Verhalten sowie Lebensraum merken kann. Es ist ausdrücklich kein Bestimmungsbuch als solches. Hier sei auf einschlägige und umfangreiche Literatur zum Weiterlesen und -bilden verwiesen, sobald man sich nicht nur als jemanden, der gelegentlich einen Vogel wahrnimmt, sondern als „Vogelbeobachter" betrachtet. Und eigentlich sind wir das alle, denn jeder sieht immer wieder Vögel.

Mithilfe der Artporträts soll nicht nur die Artenkenntnis des Einzelnen – egal welchen Alters – geschult werden, die Texte wenden sich auch an Multiplikatoren wie Lehrer und Gruppenleiter. Ergänzt ist das Buch mit kleinen Exkursen zu vogelkundlich interessanten und praktischen Themen wie Vogelzug oder Vogelfütterung.

Ich wünsche Ihnen viel Spaß beim Einstieg in die Vogelbestimmung!

Vogelbeobachtung – Genuß für jedermann: Turmfalke (o.), fütternde Blaumeise (m.), Vogelzug (u.)

Haussperling mit Nistmaterial

Aller Anfang ist leicht

Selbst wenn man Augen und Ohren nicht gezielt offenhält, fallen einem Vögel fast überall auf. Vögel zeichnen sich durch die einzigartige Fähigkeit aus, fliegen zu können. Daher ist ihre Fluchtdistanz, also die Entfernung zu einer potenziellen Gefahr, viel geringer als beispielsweise bei den meisten wildlebenden Säugetieren.

Vor allem Singvögel sind häufig relativ klein und besiedeln Hecken, Büsche, Bäume – alles Strukturen, die von der Bushaltestelle in der Stadt über den Garten bis hin zu strukturreicher Feldflur und im Wald vorkommen. Überall hier begegnen uns verschiedene Vogelarten, von denen Sie bei genauer Betrachtung einige wahrscheinlich schon oft gesehen haben und nur den Namen nicht wissen.

Amseln sind besonders auffällig

Vogelbeobachtung geht auch ohne Artenkenntnis

Tatsächlich erfreuen sich viele Menschen an Beobachtungen der Vogelwelt, sei es das Gesangskonzert am Morgen im Frühjahr, das Füttern von Jungvögeln im Garten oder Vogelschwärme zur Zugzeit. Um solche spannenden und entspannenden Naturerlebnisse zu genießen, muss man nicht wissen, um welche Vögel es sich handelt. Der positive Effekt der Vogelbeobachtung auf unser Wohlbefinden lässt sich jedoch steigern, wenn wir gezielt etwas für Vögel tun: Es macht einfach Freude, zu sehen, dass der neu aufgehängte Nistkasten benutzt wird oder Vögel an den gerade verblühenden Disteln, die man nicht als „Unkraut" herausgerupft hat, nach Samen picken. Mehr zum Thema „Vogelgarten" finden Sie auf S. 78.

Vogel gesehen, und nun?

In ganz alltäglichen Situationen, z. B. auf dem Weg zur Arbeit, beim Kaffeetrinken auf der Terrasse oder Spaziergang am Wochenende lassen sich mit etwas Aufmerksamkeit Vögel hören oder beobachten. Alltag erklärt sich daraus, dass alle (Wochen)Tage mit wiederkehrenden Ereignissen ausgefüllt sind. Die Bushaltestelle auf dem Weg zur Arbeit ist dieselbe, der Blick aus dem Bürofenster, die rote Ampel, an der das Auto immer halten muss. Auch Vögel haben einen Alltag. Je nach

Art und Jahreszeit bedeutet das beispielsweise Gesang am Morgen von derselben Singwarte, Futtersuche im gleichen Garten oder Schlafplatz im selben Baum.

Im Einkaufswagenstand meines bevorzugten Supermarktes beispielsweise hüpfen IMMER kleine braune Vögel umher, auf dem Giebel des Nachbarhauses singt von Februar/März bis Mai/Juni IMMER ein Vogel, vermutlich täglich derselbe. Im Laub unter den Büschen hinter dem S-Bahnsteig raschelt JEDEN TAG ein Vogel, sobald es hell ist. Je nach Grad der individuellen Aufmerksamkeit oder Empfänglichkeit nimmt man diese Vögel und ihre Laute (Ruf oder Gesang) wahr oder nicht.

Wer einmal damit begonnen hat, diese Vögel zu sehen, wird sie schnell wiedererkennen und von anderen Vogelarten unterscheiden können. Zur Bestimmung der Art, also einem Namen, ist es dann nur noch ein kurzer Weg.

Haussperlinge suchen Schutz beim überdachten Einkaufswagenstand

Prinzipien der Bestimmung

Nimmt man sich ein paar Minuten zur genaueren Beobachtung eines Vogels, dann kann man bei vielen Arten einzelne Merkmale auf einen Blick wahrnehmen, z.B. eine markante Gefiederfarbe oder einen eingängigen Gesang. Hinzu kommen bestimmte Verhaltensweisen einzelner Arten, die bei anderen Arten einfach nicht auftreten.

Vögel, die häufig zu sehen sind und sich deutlich im Aussehen unterscheiden, eignen sich gut für den Einstieg in die Vogelbeobachtung; Grünfink (li.), Gimpel (re.)

Zu einer Art zählen alle Individuen, die sich untereinander fortpflanzen können. Bei der Partnerfindung spielen v. a. Gesang und Aussehen eine Rolle, meist in Kombination mit bestimmten Verhaltensweisen. Und die sind zwischen verschiedenen Arten eben unterschiedlich. Eine Kohlmeise wird sich nie mit einem Haussperling verpaaren. Aussehen, Gesang und Verhalten des Haussperlings passen einfach nicht in das Suchbild der Kohlmeise für einen Partner.

nis der einen oder anderen Art zur Allgemeinbildung gehören. Jugendliche im Alter von etwa 15 Jahren kennen heutzutage im Schnitt nur noch 5 Vogelarten; das hat eine in Bayern durchgeführte Studie ergeben (BISA, Gerl et al. 2017).

Vögel haben sich bewährt als Indikatoren für den Zustand unserer Umwelt, auch in Städten. Die Bestandszahlen vieler – auch einiger (noch) häufiger – Arten nehmen seit Jahrzehnten ab. Ein Fakt, den Sie auch

Der Buchfink ist einer unserer häufigsten Singvögel und eigentlich leicht erkennbar

Anhand solcher Merkmale lassen sich die allermeisten Arten bestimmen, manche leichter als andere und viele bereits an nur einem sehr markanten Merkmal.
30 häufige, „alltägliche" Vogelarten sind ab S. 19 nach ihrem markantesten Merkmal (Aussehen, Gesang oder Verhalten) vorgestellt. Die verwandtschaftlichen (systematischen) Beziehungen sind dabei nicht berücksichtigt.

Von der Wichtigkeit der Artenkenntis

Diese „Alltagsvögel" hat man schnell drauf und selbst wenn sich die Vogelbeobachtung nicht zum ausgeprägten Hobby entwickelt, sollte doch die Kennt-

vor der eigenen Haustür beobachten können, beispielsweise bei Mauersegler, Star oder Haussperling. Dazu muss man natürlich wissen, was ein Mauersegler oder ein Haussperling ist. Erst wenn man die Arten kennt, nimmt man die Veränderungen wahr. Was man nicht kennt, vermisst man auch nicht, wenn es verschwunden ist (mehr zum Thema „Vogelschutz" s. S. 66).

Und mal ehrlich, es freut einen doch noch mehr, wenn der Nistkastenbewohner nicht nur „ein Vogel" ist, sondern beispielsweise als Kohlmeise erkannt wird. Es lohnt sich also, genauer hinzuschauen.

Haussperlinge siedeln ausschließlich in der Nähe zu Menschen

Lebensräume von Vögeln

In Deutschland kommen rund 300 Vogelarten vor, von denen 248 auch regelmäßig bei uns brüten.

Es gibt unter ihnen Spezialisten, die nur ganz besondere Lebensräume besiedeln, und Arten, die ein breites Band von Flächen nutzen. Dennoch lässt sich allein über den Lebensraum, in dem man gerade Vögel beobachtet, das Vorkommen von Arten annehmen bzw. ausschließen. In einem Teich im Stadtpark wird ein Seeadler eher nicht vorkommen, ebensowenig eine Feldlerche im Wald. Amseln oder Kohlmeisen sind dagegen beispielsweise im Wald, in Gärten, Parks, Friedhöfen u. Ä. häufig. Ein kleiner Einblick in häufige Lebensraumtypen, was sie für Vögel interessant macht und welche Artengruppen hier vorkommen, ist also eine weitere Hilfe bei der Bestimmung von Vogelarten.

Als Habitat wird der Ort bezeichnet, an dem eine Art die Bedingungen vorfindet, die sie zum Überleben und zur Fortpflanzung braucht. Je mehr verschiedene Strukturen es in einem Lebensraum gibt, umso mehr verschiedene Kombinationen von Bedingungen, räumlich oder zeitlich, kann es geben. Daraus ergeben sich sogenannte Ökologische Nischen, die von einzelnen Arten genutzt werden. Beispielsweise können in ein und demselben Baum (Habitat) jeweils unterschiedliche Vogelarten in der Baumkrone, einer Astgabel am Stamm oder einer Höhle im Holz brüten (Nischen). Weiter „eingenischt" können die Arten über das Nahrungsspektrum sein, indem sie sich unterschiedlich ernähren, z. B. die eine Art von Sämereien, die andere ausschließlich von Insekten. Auch zeitliche Nischen sind möglich: Blaumeisen beispielsweise beginnen meist später im Frühjahr als Kohlmeisen mit der Brut.

Viele der in diesem Buch vorgestellten Arten können Sie in Gärten und Parks bzw. im Wald sowie in Siedlungen sehen, einige werden Ihnen auf Spaziergängen in der freien Flur oder an Gewässern begegnen, wenn Sie die nachfolgenden Tipps beachten.

„Wilde Ecke" im Garten

Gärten

Gärten sind streng genommen ein künstlicher, von Menschen gestalteter Lebensraum. Wie kommt es dann aber, dass in Gärten so viele verschiedene Vogelarten vorkommen können? Je nach Gestaltung lassen sich hier viele Strukturen der Wald- und Feldflur auf relativ kleinem Raum nachempfinden und der sogenannte „Waldrandeffekt" verstärkt sich. In den Randbereichen von Wäldern zu anderen Lebensräumen finden sich viele Nischen, die von verschiedenen Arten besetzt werden.

Der ursprüngliche Lebensraum vieler weit verbreiteter Gartenvögel ist der Wald, z. B. Amsel, Meisen, Mönchsgrasmücke oder Singdrossel. Die Amsel beispielsweise ist bei uns in Gärten heute sogar häufiger als im Wald. Durch ein ausreichendes Angebot von Nisthöhlen und Futter kann auch die Dichte von Meisen lokal in Gärten durchaus höher sein als im Wald.
In Gärten gibt es für Arten mit flexiblen Ansprüchen an Nistplatz und Nahrung ähnliche, oft künstliche Strukturen wie im Wald bzw. am Waldrand. Sie nutzen einfach das vorhandene Potenzial.

Je nach Umfeld eines Gartens kann das Artenspektrum der Vögel ganz unterschiedlich sein. An Ortsrändern mit umliegenden Offenlandflächen finden sich zu den typischen und allerorts vorkommenden Gartenvögeln andere Arten ein als in Gärten näher zum Stadtzentrum.
Auch die Flächengröße spielt eine Rolle. Gärten sind in der Regel weniger vogelartenreich als Parks mit größerer zusammenhängender Fläche. Allerdings lassen sich Vögel von Grundstücksgrenzen nicht beeinflussen und viele Gärten, z. B. in einer Kleingartenanlage, können wiederum eine große geeignete Fläche bilden.

Im eigenen Garten, einem Park oder Friedhof können Sie Vögel sehr leicht beobachten und kennenlernen. Mit den richtigen Pflanzen, Nistmöglichkeiten und vielleicht auch einer Futterstelle lassen sich die Tiere noch „sichtbarer" machen.

Mehr Informationen zu einem artenreichen Garten finden Sie auf S. 78.

Amseln z. B. nutzen auch Balkone

Gebäude

Auch Gebäude sind ein künstlicher Lebensraum. Viele Vogelarten, die an oder in Häusern, Industrie-Konstruktionen oder Kirchen ihre Nester anlegen (Gebäudebrüter), brüteten ursprünglich in Nischen oder auf Vorsprüngen an Felswänden. Namen wie Turmfalke, Hausrotschwanz, Haussperling, Rauchschwalbe oder Mauersegler zeigen ein Nebeneinander von Vögeln und Menschen schon seit langer Zeit. Manche Arten, z. B. der Haussperling, kommen heute ausschließlich in Siedlungen vor.

Häuser und Nebengebäude wie Garagen oder Schuppen bieten günstige Strukturen, z. B. Giebel als Singwarten oder Nistmöglichkeiten in Höhlungen und Nischen. Nischen und Höhlungen finden sich in Gebäuden häufig am Dach, sodass der Blick nach oben lohnt. Probleme bekommen Gebäudebrüter sehr oft, wenn beim Neubau oder der Sanierung von Altbauten geeignete Nistplätze wegfallen. Wohlüberlegte Planung bezieht auch die Vögel mit ein, z. B. durch integrierte Nistkästen.

Allerdings reicht der richtige Nistplatz allein nicht aus, v. a. auch Nahrung und Nistmaterial müssen vorhanden sein. Schwalben z. B. bauen ihre Nester aus Lehmklümpchen, die sie mühevoll heranschleppen. Schwalben am Haus gelten

Mehlschwalbennester außen am Haus

als Glücksbringer – da ist es völlig unverständlich, wenn die Nester von Mehlschwalben, die in Fensternischen oder unter der Dachtraufe gebaut haben, entfernt werden.

Mauersegler und Schwalben fressen ausschließlich Insekten, die sie in der Luft über verschiedenen Flächen sammeln. Haussperlinge ernähren sich überwiegend von Sämereien, auf ihrem Speiseplan stehen viele Wildkräutersamen. Auf versiegelten oder mit Pestiziden behandelten Flächen ohne Pflanzen gibt es weder Körner noch Insekten als Futter.

Die Artenvielfalt an Gebäuden kann groß sein. Zu den Gebäudebrütern zählen auch beispielsweise Weißstorch oder Schleiereule, aus anderen Artengruppen finden z. B. Fledermäuse hier Lebensraum.

Junge Turmfalken

Wald

Im Wald fallen Vögel am häufigsten durch ihre Stimme oder andere Geräusche auf, denn in Bäumen und Büschen sind sie meist gut getarnt. Vor allem im Frühjahr ist es der Gesang der Männchen, mit dem sie Weibchen anlocken und ihr Revier verteidigen. Daneben hört man oft Rufe, z. B. Warn- oder Kontaktrufe. Bei verschiedenen Arten können sich die Warnrufe ähneln, sodass gleich mehrere Vögel darauf reagieren. In dichtem Blatt- oder Nadelwerk können sich auch die Vögel nicht immer sehen und bleiben über Rufe in Kontakt (z. B. Goldhähnchen, Schwanzmeisen). Bettelrufe von Jungvögeln aus einer Baumhöhle verraten den Neststandort eines Spechtes. Mit ein wenig Geduld kann man tatsächlich den Höhlenbaum finden, das Loch sehen und aus der Entfernung auf den mit Futter anfliegenden Altvogel harren.

Außer Gesang und Rufen kommunizieren einige Arten auch über sogenannte Instrumentallaute. Dazu zählen das Trommeln von Spechten oder das Flügelklatschen von Ringeltauben.
Geräusche wie Rascheln im Laub, Klopfen, Hacken oder Picken lassen Vögel bei der Nahrungssuche vermuten. Entsprechend sollte man die Laubstreu am Boden (z. B. Amsel, Eichelhäher) oder einen Baumstamm (z. B. Kleiber, Spechte, Baumläufer) nach dem Verursacher absuchen.

Alle heimischen Spechte brüten in Höhlen, die in der Regel selbst in Baumstämme gezimmert werden. Ihnen kommt eine besondere Bedeutung zu, denn ihre Höhlen werden von anderen Tieren als „Nachmieter" genutzt, darunter Vogelarten (z. B. Meisen, Hohltaube, Eulen), aber auch Säugetiere (z. B. Schläfer, Haselmaus) oder Insekten (z. B. Hornissen). Höhlen und Nester sind im Winter, wenn die Bäume kein Laub tragen, leichter zu entdecken.

Abhängig von den Baumarten im Wald ist auch das Nahrungsangebot für Vögel. Besonders anziehend sind Eichen. Hier leben zahlreiche Insektenarten und deren Larven, darunter eine Menge Raupen, die bevorzugte Aufzuchtnahrung vieler Singvogelarten sind.
Im Herbst werden die Samen der Bäume verzehrt, worauf sich oft die Namen der Vögel beziehen: Buchfinken fressen gerne Bucheckern, Eichelhäher bevorzugen Eicheln, Erlenzeisige picken mit ihren feinen Schnäbeln die feinen Kerne aus den Erlenzapfen, um nur einige Beispiele zu nennen.

Im dichten Blätterdach sind Vögel oft weniger gut zu sehen als zu hören

Feld und Wiese

Bei vielen Singvogelarten zeigen die Männchen ihre Brutreviere durch lauten Gesang an. Damit der besser und weiter zu hören ist, singen sie gerne von erhöhter Position und nutzen im Offenland Zaunpfosten, Gebüsch oder Leitungsdrähte als Singwarten. Es lohnt sich also, beim Spaziergang durch Felder und Wiesen solche Strukturen in der Landschaft genau zu beobachten und dort sitzende Vögel zu betrachten. Einige Arten haben es perfektioniert, im Flug zu singen, wenn sie gut zu sehen sind. Singflug ist typisch für die Feldlerche, aber auch z. B. Wiesenpieper singen während ihres Schaufluges.

Kiebitz im Maisfeld

Viele der häufig in (feuchten) Wiesen am Boden brütenden Vogelarten zählen zu den Watvögeln (Limikolen), von denen einige sehr leicht mithilfe von Bestimmungsbüchern erkannt werden können, andere aber auch schwer auseinanderzuhalten sind. Der Name Watvögel erklärt sich aus der Fortbewegungsart (waten), nicht durch den Lebensraum vieler Arten, das Watt(enmeer). Etliche Vogelarten, die bevorzugt in Wiesen brüten, kommen nur noch in Schutzgebieten vor (s. S. 66 „Vogelschutz").

Hauptgründe sind verringerte Nahrungsverfügbarkeit (Stichworte: Rückgang der Insekten und Ackerwildkräuter) sowie Lebensraumverlust. Je kleiner die verfügbaren, geeigneten Flächen für Bodenbrüter sind, umso höher ist auch der Druck durch Nesträuber und Störungen.

Sofern in der kultivierten Landschaft noch einige Hecken und Feldränder, vielleicht auch mal ein Feldgehölz vorhanden sind, finden sich auch Vögel ein. Nur in der völlig ausgeräumten Agrarsteppe ruft und brütet niemand mehr. Aber auch in der sogenannte strukturreichen Kulturlandschaft, d. h. in einer abwechslungsreichen Landschaft, gibt es heute weniger Arten, v. a. aber viel weniger Individuen an Vögeln. Hochrechnungen zufolge ist die Anzahl der Vögel in der Kulturlandschaft in Deutschland und europaweit in den letzten Jahrzehnten um etwa 50 % gesunken, d. h. es gibt nur noch die Hälfte von dem, was noch vor wenigen Jahren normal war.

Ein paar weit verbreitete, lokal häufige Arten finden sich noch. Wohl dem, der sie kennt, um zu merken, wenn sie verschwunden sind …

Gewässer

Zu den Wasservögeln zählen neben Schwänen, Gänsen und Enten z. B. auch Möwen und Watvögel (Limikolen). Letztere Artengruppen sind sehr groß, wie der Blick in ein gutes Bestimmungsbuch zeigt. Lassen Sie sich davon nicht abschrecken. Viele Ornithologen haben mit der gezielten Beobachtung von Wasservögeln begonnen. Wasservögel, allen voran Enten, eignen sich sehr gut zum Einstieg in die Vogelbeobachtung, da auf dem Wasser ruhende Vögel meist eine sehr geringe Fluchtdistanz haben bzw. Beobachter am Ufer nicht als Gefahr einschätzen. Allerdings sind die Tiere häufig weit weg und wichtige Merkmale vielleicht nur mit einem Fernglas oder Spektiv (Fernrohr) zu sehen. Wasservögel finden sich an unterschiedlichen Gewässern wie Teichen und Seen, Flüssen, Staustufen und Küsten.

Für den Einstieg reicht ein Stadtweiher im Park oder ein nahegelegenes Staubecken. Hier werden Sie hauptsächlich Enten vorfinden, daneben aber auch Schwäne, Rallen sowie vielleicht Gänse und Möwen. Die meisten Enten lassen sich an markanten Merkmalen relativ leicht aus Büchern bestimmen, daher sind in diesem Buch nur zwei Beispiele aufgeführt. Gänse sind fast immer größer als Enten, am Stadtweiher

Gesellschaft von Wasservögeln, u. a. Reiherente, Löffelente, Pfeifente

wird man wahrscheinlich die großen schwarz-weißen Kanadagänse sehen. Noch größere Vögel und durch ihr rein weißes Federkleid unverkennbar – und wahrscheinlich jedem bekannt – sind Schwäne, in den meisten Fällen Höckerschwäne mit einem orangeroten Schnabel und schwarzem Schnabelhöcker. Komplizierter zu bestimmen sind viele Möwen und Watvögel, hier empfiehlt sich tatsächlich die Begleitung von Experten, die gerne bereit sind, ihr Wissen weiterzugeben. Im Gespräch stellt sich dann sicher auch schnell heraus, dass diese Artengruppen sehr viele Beobachtungsstunden beanspruchen, bis man sich hier wirklich gut auskennt. Am einfachsten zu bestimmen ist die Lachmöwe mit ihrem schokoladenbraunen Kopf (zur Brutzeit) bzw. dunklem Punkt hinter dem Auge (Winter), rotem Schnabel und roten Füßen.

An kleineren, schnell fließenden Gewässern, auch in Städten, leben gelegentlich Wasseramseln oder Eisvögel, solche Beobachtungen sind dann schon etwas ganz Besonderes.

Höckerschwan (li.), Kanadagans (re.)

Kohlmeise brütet im Briefkasten – Zufallsbeoabchtungen sind oft die schönsten Erlebnisse

Los geht's!

Unter „Vogelbeobachtung" verstehen die meisten Menschen eher die wissenschaftliche Vogelbeobachtung, also die systematische Bestimmung in einzelnen Lebensräumen und Erfassung von Bestandszahlen. Tatsächlich ist das Beobachten aber eigentlich nur ein genaueres Hinsehen.

Ausrüstung – nicht notwendig

Um die hier vorgestellten Arten zu sehen, braucht man kein Fernglas. Die Bestimmungshilfen sind so ausgerichtet, dass man damit auch den flüchtig gesehenen Vogel nahezu immer richtig bestimmen kann. Bei der Vertiefung der Beobachtung von Vögeln und ihren Verhaltensweisen sind optische Geräte wie Ferngläser oder Spektive auf jeden Fall hilfreich, da man sich die betrachteten Objekte „näher heran" holen und somit genauer studieren kann. Für das richtige Fernglas sollten Sie sich bei entsprechendem Bedarf von einem Fachmann beraten lassen und verschiedene Geräte ausprobieren. Ausschlag-

gebend sind u. a. die Vergrößerung, das Gewicht, die Brennweite oder die Verarbeitung. Nicht immer ist das Teuerste oder eine bestimmte Marke das Richtige für die eigenen Zwecke. Optik unter 100 Euro ist jedoch tatsächlich nicht zu empfehlen, irgendwo hat Technik dann doch einen Preis.

Fortgeschrittene Beobachter

Haben Sie Ihre ersten 30 Arten „sicher drauf", dann möchten Sie sehr wahrscheinlich weitere Vogelarten kennenlernen und beobachten. Mit den ersten Bestimmungs-Erfahrungen und einem guten Bestimmungsbuch ist auch das nicht schwer. Gute Bestimmungsbücher zeichnen sich dadurch aus, dass wichtige Merkmale in Bildern gut erkennbar aufgezeigt werden. Zur Weiterbildung empfehlen sich auch die Teilnahme an Veranstaltungen von Vereinen wie z. B. dem Naturschutzbund Deutschland (NABU) oder seinem bayerischen Partnerverband Landesbund für Vogelschutz in Bayern (LBV) mit ihren Landesverbänden und Gruppen vor Ort. Sehr hilfreich ist es, kundige erfahrene Vogelbeobachter zu begleiten – dabei wird in der Regel nicht nur Wissen, sondern auch Begeisterung für dieses Hobby weitergegeben (Adressen s. S. 99).

Einsteigervogel: Amsel

Die Amsel ist eine der bekanntesten Vogelarten. Das Männchen mit seinem schwarzen Federkleid und gelbem Schnabel kennen wahrscheinlich die meisten Menschen, auch wenn der Name vielleicht nicht jedem geläufig ist. Daher ist die Amsel als Einsteigerart sehr gut geeignet, die Größe weiterer Vogelarten einzuschätzen. V. a. bei Singvögeln, deren Körperform häufig sehr ähnlich ist, wird die Einordnung durch den Zusatz „kleiner/größer als Amsel" erleichtert.

Artporträts

Auf den folgenden Doppelseiten zu einzelnen Vogelarten werden je nach Art auf der rechten Seite arttypische Merkmale aus den Bereichen Aussehen/Gesang/Verhalten sowie Situationen aufgezählt, die den gesehenen Vogel eindeutig mit einem Artnamen versehen lassen. Weitere Merkmale werden auf der gegenüberliegenden Seite ergänzt und die wahrscheinlichsten Verwechslungsmöglichkeiten im Aussehen oder der Stimme aufgezeigt. In Stichpunkten wird Wissenswertes zur Lebensweise der Vogelart dargestellt, z. B. was die Vögel fressen, welche Nester sie bauen oder ob sie im Winter wegziehen. Allein aus dieser Liste lässt sich der eine oder andere Punkt leicht merken und mit dieser Vogelart verbinden, sodass Sie bei der nächsten Beobachtung diesem Vogel nicht nur einen Namen geben können, sondern sogar ein wenig über seine Biologie wissen. Besonderheiten finden sich unter „Mehr Wissenswertes" und sollen die Neugier auf mehr und eine gezieltere Beobachtung wecken. Die Amsel zählt zu den eindeutig am Merkmal Gesang zu bestimmenden Arten. Die Artporträts beginnen dann jedoch mit dem einfachsten Merkmal, dem Aussehen.

Piktogramme

Bei der Amsel zeigt sich unter „Beobachtungs-Situationen", dass es eigentlich mehr als ein markantes Merkmal gibt, nämlich z. B. auch das Aussehen und einige Verhaltensweisen. Das trifft auf viele Vogelarten zu. Der Beschreibung der Amsel als Einsteigervogel folgt daher eine Übersicht mit Piktogrammen, die je Vogelart ein typisches Merkmal bzw. eine Kombination herausgreifen, über die man einen gesehenen Vogel eindeutig bestimmen kann.

Fotomontage zum Größenvergleich: Ringeltaube (li.), Amsel (m.), Hausrotschwanz (re.)

Weibchen

Aussehen

24–25 cm;
Flügelspannweite: 34–39 cm

<u>Männchen:</u> schwarz, orange-gelber Schnabel, gelber Augen-ring (Lidring)
<u>junge Männchen:</u> bräunlich, orange-gelber Schnabel mit dunklen Flecken

<u>Weibchen:</u> dunkelbraun, an Kehle und Brust etwas heller, leicht gefleckt

<u>Jungvögel:</u> dunkelbraun mit helleren Flecken

Jungvogel

Amsel

Turdus merula,
Schwarzdrossel

Lebensweise

- in Wäldern, Parks und Gärten, hauptsächlich am Boden
- frisst Würmer, Schnecken, Insekten und deren Larven, Beeren und Früchte, Obst (Fallobst), auch Sämereien
- häufig an Futterstellen, meist am Boden
- Nest in Bäumen, Gebüsch, Kletterpflanzen, aber auch Gebäudenischen
- Nest aus Halmen, innen mit Erde verkleidet und mit Federn gepolstert
- 3–5 Eier
- mehrere Bruten (bis zu 5) zwischen März und Juli

Verhalten

- nutzt Bäume und Dächer als Singwarten
- Gesang oft schon früh im Jahr und vor Sonnenaufgang
- singt auch bei künstlicher Beleuchtung, z. B. in begrünten Fußgängerzonen
- kündigt abends Schlafplatzanflug mit schrillem Zetern an
- badet gerne an flachen Teichufern und in Vogelbädern/-tränken
- Revierkämpfe zur Brutsaison mit Verfolgungsjagden nahe über dem Boden

Verwechslungen

<u>Singdrossel</u> (S. 58): unterseits hell mit tropfenförmiger dunkler Zeichnung; Gesang aus wiederholten Motiven

Merkmal: Gesang

Gesang und Ruf

Gesang: vielseitig melodisch flötend, leise quietschendes Schwätzen, imitiert Töne, z. B. Trillerpfeife

Ruf: gedämpft „duk" oder spitz „tix", bei Erregung „hysterisches" schrilles Zetern

Beobachtungs-Situationen

- schwarzer Vogel singt anhaltend melodisch flötend von Hausgiebel, Antenne, Baumspitze
- schwarzer Vogel hüpft über kurzen Rasen
- mehrere schwarze Vögel fliegen knapp über der Straße hintereinander
- sehr lautes Schimpfen wie „tix-tix"
- schwarzer Vogel raschelt im Laub am Boden
- schwarzer Vogel frisst Beeren oder am Futterhaus am Boden

anhaltend melodisch flötend

Singendes Männchen

Amseln baden gerne

Aggressive Haltung

... mehr Wissenswertes

- im Winter leisere, nicht voll ausgesungene Strophen = Subsong
- gelegentlich Amseln mit weißen Federn (Teilmelanismus) individuell erkennbar
- Nester manchmal an ungewöhnlichen Stellen, z. B. zwischen Brennholz oder in offenen Briefkästen
- im Winter Gäste aus Nord-Osteuropa

Merkmal

Aussehen

Verhalten

84 | Turmfalke | kleiner Greifvogel in der Luft rüttelnd

86 | Mäusebussard | großer Greifvogel in der Luft kreisend

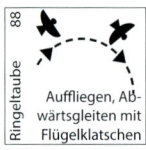

88 | Ringeltaube | Auffliegen, Abwärtsgleiten mit Flügelklatschen

---

Gesang

LAND

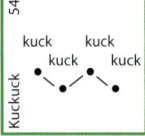

54 | Kuckuck | kuck kuck kuck kuck

19 | Amsel | anhaltend melodisch flötend

Aussehen

42 | Elster

44 | Eichelhäher

46 | Kiebitz

Verhalten

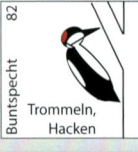

82 | Buntspecht | Trommeln, Hacken

Aussehen

WASSER

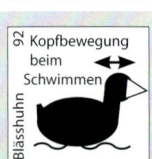

48 | Reiherente

50 | Stockente

Verhalten

92 | Bläßhuhn | Kopfbewegung beim Schwimmen

94 | Haubentaucher

Feldlerche — 64
ausdauernd
trällernd
hoch in der Luft

Rauchschwalbe — 38
lange
Schwanzfedern

Mauersegler — 90

30 häufige Arten auf einen Blick erkennen

In den Piktogrammen sind jeder Vogelart ein Merkmal oder eine Kombination eindeutiger Merkmale zu Aussehen/Farbe, Gesang oder Verhalten zugeordnet. Die genaue Größe und Gestalt des Vogels ist hierfür unerheblich, unterschieden wird einzig nach „größer Amsel" oder „kleiner Amsel". Fast alle diese Arten lassen sich häufig in Städten und Siedlungen beobachten, grüne Rahmen deuten auf Beobachtungsmöglichkeiten eher in Feld und Flur hin.

Weitere Merkmale und Infos finden sich in den Artporträts auf den in den Piktogrammen oben links angebenen Seiten.

Singdrossel — 58
wiederholte Motive

Hausrotschwanz — 60
knirschend klirrend

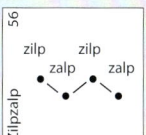

Zilpzalp — 56
zilp zilp
zalp zalp

Goldammer — 62
wie wie wie hab ich dich liiiieeb

Blaumeise — 26

Kohlmeise — 28

Grünfink — 30

Rotkehlchen — 34

Buchfink — 36

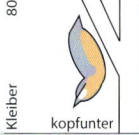

Kleiber — 80
kopfunter

Haussperling — 70
„tschilp"

Zaunkönig — 72
mausähnlich am Boden

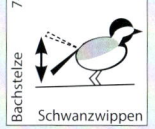

Bachstelze — 74
Schwanzwippen

Stieglitz — 76

 = außerhalb von Städten

kleiner Amsel

23

Im Gefieder des Eisvogels finden sich Pigment- und Strukturfarben

Vogelfarben

Bei Vögeln bestimmen unzählige Kombinationen von Gestalt und Farbe das Aussehen, vielfach abhängig vom Lebensraum und der Lebensweise. Die Gefiederfärbung ist für den Einsteiger das vielleicht wichtigste Erkennungsmerkmal einer Art, sofern man den Vogel sieht.

Strukturen und Pigmente

Eine Möglichkeit, Farbe zu erzeugen, besteht in Mikrostrukturen wie dünnen Plättchen oder luftgefüllten Hohlräumen, deren Zusammenspiel mit einfallendem Licht unterschiedliche Farbeindrücke entstehen lässt (= Strukturfarben); meist ergeben sich hierdurch schillernde Farben, wie z. B. am Kopf des Stockenten-Männchens. Zum anderen kommt Farbe durch in die Federn eingelagerte Pigmente wie Carotinoide (z. B. gelb bei Meisen), Melanine (braun bis schwarz, z. B. beim Haussperling) oder weitere Pigmente, die nur bei Vögeln zu finden sind, zustande. Carotinoide (bekannt für Karotten) können nur Pflanzen synthetisieren, Tiere können sie nicht selbst herstellen, sondern müssen sie mit der Nahrung aufnehmen (Pflanzen oder andere Tiere, die sich von

Pflanzen ernährt haben). Melanine, die für rote über braune bis schwarze Färbung verantwortlich sind, können Tiere selbst aufbauen.

Vielfach werden auch Strukturfarben und Pigmente kombiniert, sodass sich nochmal mehr Möglichkeiten für Farben ergeben.

Bunt = gesund

Carotinoide sind außer für Farbe auch wichtig für das Immunsystem, nur überschüssige Stoffe werden für Farbe verwendet. Auch der Prozess der Melaninherstellung ist energieaufwändig, sodass insgesamt kräftige Farbe ein gutes Zeichen für den Gesundheitszustand eines Vogels ist. Schöne, bunte Individuen sind gut genährt und gesund. Etliche Vogelarten wechseln mit der Mauser (Erneuerung des Federkleides) auch die Färbung vom Pracht- oder Brutkleid ins Schlicht- oder Winterkleid.

Bei manchen Arten kommen vogeltypische Pigmente vor, die aus Stoffwechsel-Abbauprodukten entstehen, z. B. der Farbstoff Oocyan, der Eier blau färbt.

Die individuelle Gefiederfärbung dient unterschiedlichen Zwecken, darunter Tarnung (durch Farbe oder Muster) und Kommunikation, v.a. bei Fortpflanzung und Partnerfindung. Häufig warten die Männchen mit prächtigeren Federkleidern auf, während Weibchen oft tarnfarben sind, um bei der Brut und Jungenaufzucht weniger aufzufallen.

UV-Licht

Bei einigen Arten unterscheiden sich Männchen und Weibchen für uns nicht, hier kommt den Vögeln ihre Fähigkeit zugute, im ultravioletten Bereich zu sehen und Partner über UV-reflektierende Federn oder Gefiederpartien zu erkennen. Für Blaumeisenweibchen beispielsweise sind diejenigen Männchen besonders attraktiv, deren Haube UV-Licht stark reflektiert, dies sind v.a. ältere und damit erfahrenere Männchen; die Hauben der Weibchen reflektieren viel weniger. Bei Staren ist es genau umgekehrt: bevorzugt werden anscheinend Männchen, deren Gefieder wenig UV-Licht reflektiert.
Ultraviolett spielt auch bei der Nahrungssuche eine Rolle, z.B. reflektieren oft grüne Raupen oder Beeren mit glänzender Oberfläche UV-Licht und werden im schattigen Blattwerk leichter gefunden.

Turmfalken erkennen aus großer Höhe anhand des UV-Licht reflektierenden Urins von Mäusen, wo sich die Beutetiere aufhalten.

Manche Färbung kommt auch erst beim Spreizen des Federkleides bzw. einzelner Partien zum Vorschein, z.B. beim Imponieren vor einem Partner oder Rivalen, Flügelmuster dienen häufig dem Erkennen von Artgenossen z.B. in gemischten Schwärmen. Färbung kann auch sogenannte Schlüsselreize auslösen, z.B. bei der Jungenaufzucht: rote bis gelbe Rachenfärbung bei Jungvögeln, die den Schnabel aufsperren, veranlasst die Eltern zu füttern.

Bei Farbe kein Zweifel

Die Farbe von Vögeln macht viele Arten unverwechselbar und leicht erkennbar, daher beginnen die Artporträts mit „bunten" Vögeln. An einem Farbmerkmal oder einer bestimmten Kombination lässt sich eine Art nur aufgrund ihres Aussehens zweifelsfrei bestimmen, ohne mehr über den Vogel zu wissen. Besonders hilfreich ist das Merkmal Aussehen an Fütterungen („Vogelfütterung" s. S. 32)., wenn die Vögel deutlich sichtbar sind.

Schillernde Federn beim Star

Oranger Rachen bei junger Blaumeise

Häufig paarweise unterwegs

Blaumeise
Parus caeruleus

Lebensweise

- in Wäldern, Parks und Gärten
- in Baumkronen und äußeren Zweigen
- frisst kleine Insekten und deren Larven, Blatt- und Schildläuse, Knospen und Blüten, aber auch Samen und Beeren
- Raupen sind wichtige Nestlingsnahrung
- häufig an Futterstellen
- nimmt gerne Fettfutter
- nistet in Baumhöhlen und Nistkästen
- Nest aus Moos, trockenen Halmen und kleinen Zweigen, mit Haaren und Federn gepolstert
- bis zu 16 Eier, meist 9–10
- 1 Brut im April/Mai

Gesang und Ruf

Gesang: lieblich, hell klingende Strophen mit Endtriller „tsi-tsi-tirrr", auch wiederholt

Ruf: bei Erregung zeternd „zerr-retetetet", Kontaktrufe „tii ti ti" oder hoch „si si …"

Verhalten

- zur Brutzeit in Paaren unterwegs
- mehrere Höhlen/Kästen werden inspiziert und dann ein Neststandort ausgewählt
- im Winter in kleinen Scharen an Futterstellen
- sehr lebhaft und lernfähig

Jungvogel

Verwechslungen

Kohlmeise (S. 28): schwarz-gelbe Meise, größer und kräftiger

Aussehen

11,5 cm; Flügelspannweite: 17,5–20 cm

<u>Männchen und Weibchen:</u> oberseits blau, blauer Scheitel, weißes Gesicht mit dunklem Streifen über dem Auge, unterseits gelb mit kleinem dunklem Streifen am Bauch, feiner Schnabel

<u>Jungvögel:</u> noch ohne kräftiges Blau, Kopf gelblich, Scheitel schmutzig grünlich blau bis bräunlich

Beobachtungs-Situationen

- kleiner, blau-gelber Vogel hüpft und klettert zwischen Zweigen
- kleiner, blau-gelber Vogel an Futterstellen
- kleiner, blau-gelber Vogel fliegt in Baumhöhlen oder Nistkästen
- feiner Gesang wie „di-di-di-di…"
- kleiner, blau-gelber Vogel trägt Sonnenblumenkern von der Futterstelle weg

Nistkasten als Höhlenersatz

Blau dominiert

Raupen für die Jungen

… mehr Wissenswertes

- die Lochgröße von Nistkästen bestimmt die Bewohner: durch Einfluglöcher mit 25 mm Durchmesser passen Blaumeise und Tannenmeise, Kohlmeisen benötigen 28 mm
- zur Jungenaufzucht werden auch Blattläuse genutzt
- Kerne (z. B. Sonnenblumenkerne oder Erdnüsse) werden vom Futterhaus weggetragen und auf einem nahen Ast verzehrt

Kerne werden geschickt mit dem Schnabel geöffnet.

Kohlmeise
Parus major

Lebensweise

- in Laub- und Mischwäldern, Parks, Gärten, Friedhöfen
- in unteren Ästen und Bodennähe
- frisst bevorzugt ölreiche Körner und Sämereien (gerne Nüsse), auch Beeren und Obst
- zur Brutzeit Nahrung hauptsächlich Insekten, Larven, Spinnen u.a.
- nistet in Baumhöhlen, Nistkästen, in Mauerhöhlungen, unter Dachziegeln
- Nest aus Moos, trockenem Gras, mit Federn, Haaren und Wolle gepolstert
- 5–12 Eier
- meist 2 Bruten zwischen März und Juli

Gesang und Ruf

Gesang: mehrfach wiederholte Motive wie „zi-zi-däh"-„zi-zi-däh", auch „züi"

Ruf: „zi-pink-pink", ähnelt Buchfink, Warnruf hoch „ziii"

Verhalten

- sucht Nahrung auch am Boden
- Nüsse und Kerne werden zwischen den Zehen am Ast oder Boden gehalten und mit dem Schnabel zerkleinert
- an hängenden Futterstellen auch kopfunter
- Gesang meist ab Mittwinter bis zu Beginn der Brutzeit
- nimmt gerne Nistkästen
- badet gerne

Jungvogel

Verwechslungen

Blaumeise (li.) (S. 26): blau-gelbe Meise, kleiner, feiner Schnabel

Tannenmeise (re.): sehr ähnlich, aber ohne Gelb, unterseits beige, Wangen nicht schwarz gerahmt

Aussehen

14 cm; Flügelspannweite: 22,5–25,5 cm

<u>Männchen</u>: schwarzer Kopf, weiße Wangen, oberseits dunkel, unterseits leuchtend gelb mit schwarzem Bruststreifen bis zum Bauch

<u>Weibchen</u>: wie Männchen, aber schwarzes Brustband schmaler und blasser

<u>Jungvögel</u>: weniger kräftig, noch nicht rein-weiße Wangen unten nicht schwarz begrenzt

Beobachtungs-Situationen

- gelb-schwarzer Vogel singt laut und eingängig wiederholt „zi-zi-däh"
- gelb-schwarzer Vogel fliegt in eine Höhlenöffnung
- gelb-schwarzer Vogel vertreibt kleinere Vögel von Futterstelle
- gelb-schwarzer Vogel badet in der Vogeltränke

Untersetzer als Vogelbad

Nest im Briefkasten

Fettreiche Nüsse

… mehr Wissenswertes

- größte heimische Meise
- Männchen mit breiterem, schwarzem Bruststreifen sind dominanter und vertrei-ben Artgenossen z. B. von der Futterstelle
- Nistet auch in Briefkästen u. Ä.

Weibchen

Grünfink
Carduelis chloris
Grünling

Gesang und Ruf

Gesang: anhaltende Folge von verschieden hohen Trillern und klingelnden Elementen, dazwischen „tschui" oder gequetscht „schwöinsch"

Ruf: „gjik" oder „gük", bei Störung gedehnt „dschääi", im Flug schnell klingelnd „gigigig…"

Lebensweise

- in offenen Gärten, Kulturlandschaft mit Feldgehölzen
- frisst Samen und Körner, Blatt-/Blütenknospen, weiche Früchte
- beliebt sind Hagebutten und Sonnenblumenkerne
- erwachsene Vögel sind reine Vegetarier
- nistet in Bäumen, Sträuchern, Kletterpflanzen, häufig in immergrünen Sträuchern
- Nest aus Zweigen, Gras, Moos, mit Haaren und feinen Wurzeln gepolstert
- 4–6 Eier
- 1–3 Bruten zwischen April und Juni

Verhalten

- sucht Nahrung am Boden hüpfend
- häufig unter Futterstellen
- verscheucht andere Vögel von der Futterstelle
- außerhalb der Brutzeit an gemeinsamen Schlafplätzen
- trinkt viel und badet gerne
- häufig hoch in Bäumen

Jungvogel

Verwechslungen

Girlitz (li.): kleiner, gelb-braun, oberseits längs gestreift, kleiner, kurzer Schnabel, sehr hoher klirrender Gesang

Erlenzeisig (re.): kleiner, spitzer Schnabel, kontrastreich gelb-grün-schwarz; Männchen schwarze Kopfplatte und Kinn; ruft „tsilü"

Aussehen

15 cm; Flügelspannweite: 24,5–27,5 cm

<u>Männchen</u>: grün, auffälliger kräftiger Schnabel, gelbes Flügelband

<u>Weibchen</u>: blasser, eher grün-braun

<u>Jungvögel</u>: wie Weibchen, schwach gestreift

Beobachtungs-Situationen

- grüner, kompakter, „fetter" Vogel mit kräftigem Schnabel am Boden
- grüner Vogel mit im Flug sichtbarem Gelb am Flügel
- grüner, kompakter Vogel mit gekerbtem Schwanz singt von oberster Baumspitze
- grüne Vögel fressen in Beerensträuchern

Häufig an Tränken

Kräftiger Körnerfresser-Schnabel

Sitzt oft hoch oben im Baum

... mehr Wissenswertes

- frisst gerne milchreife, d. h. noch nicht ganz ausgereifte Körner
- Jungvögel werden nur kurz zu Beginn mit Insekten (z. B. Blattläusen) gefüttert, dann mit im Kropf der Eltern vorgeweichtem Körnerbrei
- im Winter häufig in gemischten Trupps, zusammen mit Stieglitzen, anderen Finkenvögeln und Ammern

Vogelfütterung

Vogelfütterung wurde noch vor wenigen Jahren sehr kontrovers diskutiert und Füttern nur bei Eis und Schnee empfohlen. Mittlerweile sind sich die großen Naturschutzverbände einig: man darf das ganze Jahr über füttern – aber man muss nicht.

Die Beobachtung von Vögeln an der Futterstelle kann ein sehr guter Zugang zur Natur sein. Sinnvollerweise wird eine Futterstelle so eingerichtet, dass man sie bequem vom Fenster aus sehen kann, ohne zu stören.

Je nachdem, ob Futter hängend, im Futterhaus oder am Boden angeboten wird, kommen unterschiedliche Vogelarten. Meisen können gut klettern und fressen z.B. Fettfutter auch aus nach unten offenen Gefäßen – eine Amsel hätte hier große Probleme. Am besten, Sie probieren aus, welche Vögel an Ihre Futterstelle kommen und was „Ihre" Vögel fressen.

Wichtigste Bestandteile von im Handel angebotenen Futtermischungen sind Sonnenblumenkerne, Erdnüsse und feinere Sämereien wie Hirse. Besonders im Winter ist Fett bei vielen Vögeln beliebt, nicht nur in Form des klassischen Meisenknödels. Auf Kunststoffnetze wird mittlerweile häufig auch verzichtet und Fettbälle sind mit dazugehörigen Behältern im Angebot. Körnermischungen und Futterkuchen aus Fett lassen sich leicht selbst herstellen (s. „Weiterlesen" S. 100). Ergänzt wird Vogelfutter durch getrocknete Insekten (z.B. Mehlwürmer), getrocknete Beeren und Obst.

Was genau an der Futterstelle am liebsten gefressen wird, lässt sich schnell herausfinden, auch wenn man einzelne Arten vielleicht noch nicht kennt.

Wichtig ist die regelmäßige Reinigung von Futterstellen, damit sich mögliche

Amsel (li.), Blaumeise (m.), Feldsperlinge (re.)

Krankheitskeime gar nicht erst ausbreiten können. V. a. Futterhäuschen und Futtertische, bei denen die Vögel im Futter sitzen können, müssen mehrmals die Woche gesäubert werden, heißes Wasser reicht hier.
Trotz Futterstelle sollte der Garten als solcher schon ein gutes Nahrungsangebot für Vögel bereithalten. Insekten, Sämereien und Früchte können in jedem Garten zu finden sein (s. auch „Vogelgarten" S. 78).

Bei aller Freude an der Fütterung von Vögeln im Garten muss aber klar sein: eine Maßnahme des Naturschutzes ist es nicht. Auch wenn einzelnen Tieren damit geholfen wird, rettet Vogelfütterung keine Arten. Die meisten Arten, die an Futterstellen kommen, sind in der Regel (noch) häufig und nicht bedroht. Seltene und gefährdete Arten kommen meist in ganz anderen Lebensräumen vor und ihr Schutz ist viel komplexer als ein paar Körner im Futterhaus.

Stare

Neben Nahrung brauchen Vögel auch Platz zum Brüten. Manche Arten brüten gerne in Höhlen oder Nischen, andere bauen ihre Nester frei in Büschen und Bäumen. Nicht in jedem Garten gibt es alte Bäume mit Höhlen oder Nischen an Gebäuden. Hier können Nistkästen Brutpaare zu einer Ansiedlung verleiten, wenn auch ausreichend Nahrung zu finden ist. An Nistkästen lassen sich die Vögel wiederum ganz hervorragend beobachten.

Im Winter oft in Gärten

Rotkehlchen
Erithacus rubecula

Lebensweise

- in Wäldern, Gärten, Parks
- oft in Wassernähe
- frisst Insekten und deren Larven, Beeren, Früchte, feine Sämereien
- nistet in Bodennähe in Hohlräumen, z. B. Reisighaufen, Erdhöhlen, Nischen
- nutzt Nischen an Gebäuden und Halbhöhlenkästen
- 4–7 gelbliche, rötlich gefleckte Eier
- 2–3 Bruten zwischen März und Juli

Gesang und Ruf

Gesang: lauter Gesang mit klaren, perlenden, leiser werdenden Strophen, die sehr hoch beginnen

Ruf: aneinandergereiht aufgeregt „tick-tick-tick…" (Tixen), bei Alarm hoch „zieb"

Verhalten

- meist am Boden hüpfend
- wenig scheu, in Gärten oft an frisch umgegrabenen Beeten
- singt bereits eine Stunde vor Sonnenaufgang
- singt bei künstlicher Beleuchtung auch nachts
- im Winter an Futterstellen mit Fettfutter oder getrockneten Insekten

Jungvogel

Verwechslungen

Buchfink (S. 36): größer, blaugrauer Kopf, schwarz an Flügeln

Aussehen

14 cm; Flügelspannweite: 20–22 cm

<u>Männchen und Weibchen</u>: oberseits oliv-braun, unterseits hell, rostrotes Gesicht, Kehle und Brust, spitzer feiner Schnabel, große Augen

<u>Jungvögel</u>: hellbraun, gefleckt, anfangs ohne Rot

Beobachtungs-Situationen

- kleiner rundlicher Vogel mit rostroter Brust hüpft im Gebüsch oder am Boden
- klarer perlender Gesang aus niedrigem Baum oder Busch
- klarer perlender Gesang, wiederholte Strophen, im Winter
- lautes Rufen wie „tick-tick-tick"

Große Augen

Spitzer Insektenfresser-Schnabel

Im Winter auch an Futterstellen

... mehr Wissenswertes

- die rote Kehle wird bei der Revierverteidigung gegenüber Eindringlingen präsentiert
- im Winter besetzen Männchen und Weibchen jeweils eigene Nahrungsreviere
- auch Weibchen singen
- zuweilen ungewöhnliche Niststandorte, auch in Gebäuden (z. B. Garagen, Schuppen)

Weibchen

Buchfink
Fringilla coelebs

Lebensweise

- in Wäldern, Parks und Gärten
- im Gezweig und am Boden
- frisst Insekten und Sämereien, u. a. namengebende Bucheckern
- halbkugeliges Nest in Astgabeln von Bäumen und Büschen
- Nest aus Gras, feinen Wurzeln, Moos, mit Federn ausgepolstert
- 4–5 bläuliche, lila gefleckte Eier
- 1–2 Bruten zwischen Mai und Juni

Gesang und Ruf

<u>Gesang</u>: sich beschleunigendes, abfallendes Schmettern mit „Schnörkel" am Ende (Finkenschlag); Eselsbrücke z. B. „bitte noch ein Weizenbiiier"

<u>Ruf</u>: mehrmals wiederholt „pink" (Alarm), ruft seinen Namen „pink"; „schrütt" (Regenruf)

Verhalten

- Gesangsbeginn bei uns im Februar
- Rufe das ganze Jahr zu hören
- Nahrungssuche v. a. am Boden
- häufig an Futterstellen (Sonnenblumenkerne, Nüsse)
- häufig zusammen mit anderen Arten
- badet gerne

Jungvogel

Verwechslungen

<u>Bergfink im Schlichtkleid</u>: weniger bunt, nur orange-braun-schwarz mit hellem Bauch, im Flug Bürzel weiß; bei uns nur im Winterhalbjahr

Aussehen

14,5 cm; Flügelspannweite: 24,5–28,5cm

<u>Männchen</u>: grau-blauer Kopf, brauner Rücken, rotbraune Brust und Wangen, schwarze Flügel, weiße Flügelbinde und Schulter, oberseits dunkler Schwanzansatz (Bürzel)

<u>Weibchen</u>: graugrün, helle Unterseite, weiße Flügelbinde

<u>Jungvögel</u>: ähnlich Weibchen unscheinbar bräunlich

Beobachtungs-Situationen

- bunter (blau, rot) kleiner Vogel hüpft oder geht am Boden
- kleiner Vogel mit im Flug weißem Flügelstreif und gekerbtem Schwanz
- Ruf „pink, pink"
- schmetternder Gesang mit deutlicher Strophe mit Endtriller
- „schrütt"-Rufe im Wald

Sämereien als Hauptnahrung

Bad zur Gefiederpflege

Geschickt an Futtersäulen

... mehr Wissenswertes

- Regenruf „schrütt, schrütt" tatsächlich meist bei bedecktem Himmel
- im Winter bei uns fast nur Männchen, Weibchen ziehen weiter nach Westen, daher der wiss. Name „*coelebs*" (der Ehelose)
- Nest außen mit Spinnweben und Flechten getarnt

Lehm und Halme als Nistmaterial

Rauchschwalbe
Hirundo rustica

Lebensweise

- Siedlungen mit offenen Bauwerken
- Nahrungssuche über offenen Flächen (Wiesen, Felder)
- frisst Insekten
- brütet unter Dach, z. B. in Ställen oder unter Brücken
- viertelkugeliges, nach oben offenes Nest
- Nistmaterial Lehm oder Erde, Gras, Stroh, gepolstert mit Federn
- 4–6 Eier
- 1–3 Bruten zwischen Mai und August

Gesang und Ruf

<u>Gesang</u>: anhaltendes melodisches (helles) Zwitschern und gedehntes Schnurren

<u>Ruf</u>: Flugruf „wid-wid-wid…", Bettelruf ähnlich, bei Störung spitz „zi-witt"

Verhalten

- Gesang von Singwarten oder im Flug
- Nahrung wird in der Luft gefangen
- fliegen zum Trinken flach über Wasseroberflächen
- brüten in lockeren Kolonien, bevorzugt in Viehställen
- Zugvogel, überwintert in Afrika südlich der Sahara
- vor dem Wegzug im Herbst sammeln sich Rauchschwalben zusammen

Viertelkugeliges Nest

Verwechslungen

<u>Mauersegler</u> (S. 90): komplett rußschwarz, sichelförmige Flugsilhouette, keine Spieße

<u>Mehlschwalbe</u>: weiße Kehle, Schwanz nur gegabelt, ohne Spieße; brütet außen an Gebäuden

Aussehen

17–19 cm, davon Schwanzspieße 2–7 cm; Flügelspannweite 32–34,5 cm

<u>Männchen</u>: oberseits dunkel (blau schillernd), unterseits weiß, mit rostbrauner Kehle und Stirn, tief gegabelter Schwanz mit langen Schwanzspießen

<u>Weibchen</u>: wie Männchen, aber kürzerer Schwanzspieße

<u>Jungvögel</u>: Kehle und Stirn heller, sehr kurze Schwanzspieße

Beobachtungs-Situationen

- Vögel mit langen Schwanzspießen fliegen schnell und wendig über offenen Flächen
- melodisches Zwitschern in der Luft
- Vogel mit langen Schwanzspießen sammelt im Schnabel Lehmklümpchen
- im Herbst sitzen viele Vögel mit langen Schwanzspießen auf Stromleitungen aufgereiht
- viertelkugelige Nester an oberen Wänden innerhalb von Gebäuden oder unter Gebäudevorsprüngen

lange Schwanzfedern

Sammeln auf Leitungen

Lange Schwanzspieße

Zur Zugzeit häufig auf Asphalt

... mehr Wissenswertes

- Männchen mit längeren Schwanzspießen scheinen für Weibchen attraktiver
- zur Zugzeit Konzentrationen z. B. auf Asphalt (Straße)
- bis zu 1000 Lehmportionen ergeben ein Nest, fehlende offene Lehmpfützen für Nistmaterial können das Vorkommen begrenzen

Vogelzug

Eines der faszinierendsten Phänomene in der Welt der Vögel ist der Vogelzug. Der Hauptgrund für viele Vogelarten, sich zur Brutzeit und im Winter in unterschiedlichen Gebieten, zum Teil auf verschiedenen Kontinenten aufzuhalten, ist die Verfügbarkeit von Nahrung. Reine Insektenfresser finden bei uns im Winter wenig zu fressen, denn die meisten Insekten und andere Gliederfüßer sind zur kalten Jahreszeit nicht aktiv. Andere Arten, die sich im Winter statt von kleinen Wirbellosen von Beeren und Körnern ernähren, also ihre Ernährung jahreszeitlich umstellen, bleiben hier oder kommen aus weiter nördlich und östlich gelegenen Gebieten mit strengerer Kälte als Wintergäste zu uns. Häufig suchen auch Vögel aus Wald- und Feldflur im Winter die Nähe zu Siedlungen, wo sie mitunter mehr Nahrung finden als in der ausgeräumten Landschaft. An Futterstellen kann es daher manchmal schöne Überraschungen geben.

Man unterscheidet zwischen Langstreckenziehern (ziehen häufig von Mitteleuropa bis nach Afrika südlich der Sahara oder des Äquators) und Kurzstreckenziehern (Überwinterung schon in Westeuropa oder im Mittelmeerraum). Zugvögel wandern zwischen Brut- und Winterlebensraum, Standvögel bleiben das ganze Jahr im selben Gebiet. Bei den sogenannte Teilziehern begibt sich nur ein Teil der Vögel einer Art auf Wanderschaft.

Dass Vogelarten ziehen und warum, ist lange bekannt. Vogelarten wie der Kuckuck oder Schwalbenarten und Mauersegler sind im Winter bei uns einfach nicht zu beobachten - umso mehr fallen ihre Ankunft im Frühjahr, weniger

▷ Mitteleuropäische Zugvögel ziehen über die westliche oder die östliche Hauptzugroute nach Afrika

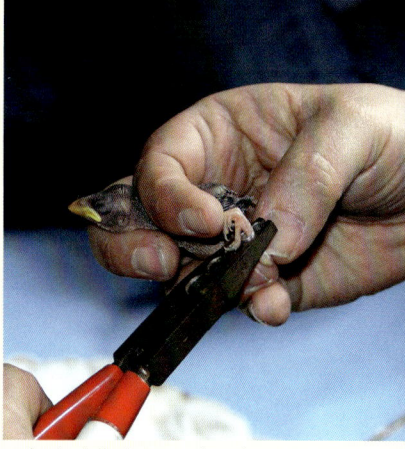

Ziehende Gänse (li.), Kuckuck mit Satellitensender (m.), Beringung eines jungen Haussperlings (re.)

der Wegzug im Spätsommer auf. Das haben die Menschen schon früh mitbekommen. Die Ziele verschiedener Vogelarten und wie sie es meistern, dorthin und im Frühjahr wieder ins Brutgebiet, ja manchmal sogar zum selben Nest, zurückzukehren, waren allerdings lange Zeit unbekannt. Man vermutete beispielsweise, dass sich Rauchschwalben den Winter über am Boden von Gewässern im Schlamm aufhielten. Tatsächlich überwintern Rauschwalben südlich der Sahara und in Afrika, bis zu 14.000 km weit weg vom europäischen Brutgebiet.

Zu Beginn der Zugvogelforschung konnte man nur mittels Fang und Wiederfang einzelner Vögel feststellen, woher sie kamen bzw. wie weit sie zogen. Im Brutgebiet wurde einem gefangenen Vogel ein Ring mit verschiedenen Kenndaten (individuelle Nummer, Vogelwarte, Land) am Fuß angebracht. Wurde derselbe Vogel andernorts wieder gefangen, wusste man, woher er kam und konnte z. B. das Beringungsdatum abfragen.

Heutzutage werden viele weitere Daten mithilfe von Geolokatoren oder Datenloggern (zeichnen u. a. GPS-Koordinaten und andere Kenndaten wie Sonnenauf- und -untergang oder Bewegungsmuster auf) sowie Satellitensendern (genaue Zugrouten über Koordinaten nachvollziehbar) erhoben.

Selbst heute sind noch nicht von allen Vogelarten die Zugstrecken und Winterquartiere endgültig erforscht. Kenntnislücken werden dank moderner Technik aber immer weiter geschlossen.

Die Orientierung der Vögel erfolgt außer an offensichtlichen Landmarken entlang von Flüssen oder Küsten mithilfe eines inneren Kompasses über das Erdmagnetfeld sowie über den Stand von Sonne oder Sternen.

Ring-Nr.
FL 7800,
Radolfzell,
Germany

Kontrastreich schwarz-weißes
Gefieder

Elster
Pica pica

Lebensweise

- in lichten Wäldern, offenen Flächen mit einzelnen Büschen und Bäumen, Gärten, Parks, Friedhöfen
- Nahrung vielseitig: Insekten, Würmer, kleine Wirbeltiere, Vogeleier, Aas, im Winter Sämereien und Früchte
- nistet hoch in Bäumen oder Sträuchern
- Nester aus (dornigem) Reisig, z. T. mit deutlichem „Dach", innen mit Erde und Pflanzenteilen ausgekleidet
- 5–7 Eier
- 1 Brut im März/April

Gesang und Ruf

Gesang: variationsreiches Schwätzen, aber sehr leise und daher selten zu hören

Ruf: laut „tschak-tschak" (Schackern) in verschiedenen Tonlagen und -längen

Verhalten

- oft zu zweit oder mehr
- wellenförmiger Anflug zum Boden oder zur Sitzwarte
- Nahrungssuche häufig am Boden
- frisst auch Zivilisationsabfälle und räubert Vogelnester aus
- Nestbau beginnt meist im Winter
- Nester werden vehement mit lautem Gezeter verteidigt

Elsternest

Verwechslungen

Nest mit Eichhörnchenkobel, meist mit Laub

Aussehen

44–46 cm; Flügelspannweite 52–60 cm

<u>Männchen</u>: relativ groß, schlank, kontrastreich schwarz-weiß, dunkle Federpartien teilweise metallisch blau-grün schillernd, langer Schwanz, kräftiger schwarzer Schnabel

<u>Weibchen</u>: wie Männchen, kürzerer Schwanz

<u>Jungvögel</u>: wie Weibchen, aber heller Schnabel, kurzer Schwanz

Beobachtungs-Situationen

- mittelgroßer schwarz-weißer Vogel mit langem Schwanz sitzt auf Giebel oder Baumspitze
- mittelgroßer schwarz-weißer Vogel mit langem Schwanz schreitet über Rasen
- lautes Zetern wie „tschak-tschak", z.T. mit Verfolgungsflügen
- mittelgroßer Vogel mit langem Schwanz fliegt in wellenförmiger Bahn über die Straße

Sehr langer Schwanz

Häufig paarweise

Schillernde Federn

... mehr Wissenswertes

- zählt wie alle Rabenvögel zu den Singvögeln
- Elstern stehlen und horten keine schimmernden Gegenstände
- im Winter sammeln sich Elstern häufig an Gemeinschaftsschlafplätzen

Im Flug weißer Bürzel deutlich

Eichelhäher
Garrulus glandarius

Lebensweise

- in Wäldern aller Art, Parks, Gärten, Friedhöfen
- frisst je nach Jahreszeit v. a. große Baumsamen wie Eicheln, Haselnüsse, Bucheckern, Beeren und Sämereien, aber auch Insekten und Kleintiere, Eier und Jungvögel
- nistet in etwa mittlerer Baumhöhe oder hohen Sträuchern
- Nest aus kleinen Ästen und selbst abgebrochenen Zweigen, innen mit feinerem Material ausgekleidet
- 4–6 Eier
- 1 Jahresbrut zwischen Ende März bis Mai

Gesang und Ruf

Gesang: sehr leise gutteral schwätzend, daher oft nur aus nächster Nähe zu hören, vielseitig, auch Imitationen, z. B. „hijä" wie Mäusebussard

Ruf: laut rätschend „chrräit", „rätch", meist zweimal wiederholt, weitere Rufvariationen

Verhalten

- lebt recht heimlich
- häufig zu mehreren zu beobachten, v. a. im Herbst, wenn Eicheln auch in Reviere ohne Eichen vertragen werden
- fliegt mit weichem Flügelschlag in wellenförmiger Bahn
- versteckt Eicheln als Wintervorrat in Bodenverstecken
- kommt auch an Futterstellen in Gärten

Eichelhäherfeder

Verwechslungen

Aussehen

32–35 cm; Flügelspannweite 52–58 cm

<u>Männchen, Weibchen und Jungvögel:</u> Grundfarbe rötlich braun-beige, Stirn dunkel gezeichnet, schwarzer Bartstreif am Schnabel, schwarz-weiße Flügel und Schwanz, blaue Federn am Flügel, gerundete Flügel, im Flug weißer Schwanzansatz (Bürzel) sichtbar, kräftiger Schnabel

Beobachtungs-Situationen

- lautes Rätschen, kurz bevor mittelgroßer brauner Vogel vorbeifliegt
- kontrastreich schwarz-weiß-brauner Vogel mit blauen Federn auf den Flügeln in wellenförmigem Flug
- kontrastreich schwarz-weiß-brauner Vogel am Boden bei der Nahrungssuche oder beim Vergraben von Eicheln
- kräftiger schwarz-weiß-brauner Vogel mit blauen Federn an den Seiten am Futterhaus

Meist in Deckung

Nüsse bevorzugt

Futterverstecke am Boden

... mehr Wissenswertes

- da nicht alle Eichelverstecke wiedergefunden werden, wachsen aus den Samen Eichen
- findet man eine blaue Flügelfeder, gilt sie als Glücksbringer
- im Winter oft Gäste aus Nordosteuropa

45

Nahrungssuche am Boden

Kiebitz
Vanellus vanellus

Lebensweise

- auf Feldern, kurzrasigen (feuchten) Wiesen, Weiden und Äckern, Ruderalflächen
- frisst kleine Bodentiere, v. a. Insekten und Würmer, im Winter auch grüne Pflanzenteile
- brütet im Offenland
- Nester einfache Bodenmulde, mit wenig trockenem Nistmaterial
- 4 Eier
- 1 Brut zwischen März und Mai

Gesang und Ruf

<u>Ruf</u>: namengebend „kijuwit", leicht klagend; im Schauflug beim Aufsteigen „chä-chuit", in der Höhe „wit-wit-wit", im Sturzflug „chiu-witt"

<u>Instrumentallaut</u>: im Flug wummerndes/flappendes Flügelgeräusch

Verhalten

- fliegt mit kräftigen Flügelschlägen
- akrobatische Schauflüge/Verfolgungsflüge, bei denen durch plötzliches Kippen und der Längsachse der Schwarz-Weiß-Kontrast besonders deutlich wird
- ruft auch nachts
- Küken verlassen bald nach dem Schlupf das Nest (Nestflüchter) und wandern mit Eltern umher
- Zugvogel, überwintert im westlichen Europa und rund um das Mittelmeer

Geführte Jungvögel

Verwechslungen

<u>Elster</u> (S. 42): größer, kräftiger Schnabel, langer Schwanz, ohne Federholle

Aussehen

28–31 cm; Flügelspannweite 82–87 cm

<u>Männchen</u>: oberseits schwarz, unterseits weiß, mit schwarz-weißer Kopfzeichnung, schwarzer Kehle und Brust, schwarze Federn mit blaugrün-violettem Metallschimmer, deutliche Federholle, breite gerundete Flügel; Herbst und Winter im Schlichtkleid mit hellerer Kehle und brauner Schuppung auf dem Rücken

<u>Weibchen</u>: unwesentlich blasser

<u>Jungvögel</u>: Küken dunkel mit heller Musterung, später ähnlich Schlichtkleid

Beobachtungs-Situationen

* schwarz-weiße Vögel mit „runden" breiten Flügeln in Schwärmen
* schwarz-weißer Vogel ruft „kijuwit-kijuwit"
* schwarz-weißer Vogel mit deutlicher Federhaube sitzt am Boden, auf Zaunpfosten o. Ä.
* Trupps schwarz-weißer Vögel zur Zugzeit

Akrobatische Schauflüge

Runde Flügel

Schlichtkleid mit hellen Federrändern

… mehr Wissenswertes

* im Frühjahr und Herbst/Winter ziehen viele Kiebitze aus Nordosteuropa durch Deutschland
* veränderte Landbewirtschaftung passt zeitlich oft nicht mit dem Brutzyklus des Kiebitz zusammen, die Bestandszahlen sind in den letzten Jahrzehnten radikal zurückgegangen
* Eier kegelförmig, jeweils mit der Spitze zur Nestmitte, sodass sie nicht aus der Mulde rollen können

Reiherentenpaar: vorne Weibchen,
hinten Männchen

Reiherente
Aythya fuligula

Lebensweise

- auf Gewässern aller Art, bevorzugt tieferen, weniger verunkrauteten Seen und langsamen Fließgewässern
- frisst Muscheln, Schnecken, im Wasser lebende Kleintiere (Insekten), kleine Fische, Amphibien und Laich, aber auch Blätter und Samen von Pflanzen
- Nest gut versteckt am Boden auf Inseln oder am Ufer nahe der offenen Wasserfläche
- Nest aus feinem Pflanzenmaterial, mit Federn gepolstert
- 6–11 Eier
- 1 Brut im Mai/Juni

Gesang und Ruf

Ruf: wenig ruffreudig, leise Balzlaute wie „bück bück…", Pfiffe wie „uii-oo" oder im Flug rollend „krrr krrr krrr"

Verhalten

- meist paarweise Männchen und Weibchen
- tauchen komplett unter und schwimmen unter Wasser
- Männchen balzen mit aufgestelltem Schopf und auffälligen Kopfbewegungen
- Überwinterung oft in dichten Trupps auf Seen/Stauseen

Küken

Verwechslungen

Bergente: Rücken weiß mit feiner dunkler Musterung, kein Schopf; selten

Aussehen

40–47 cm; Flügelspannweite 67–73 cm

<u>Männchen</u>: gedrungener Körper, relativ großer Kopf, Grundfarbe schwarz, Bauch, Flanken und Flügelunterseiten weiß, Kopfgefieder blau schillernd mit langen Schopffedern, gelbes Auge, graublauer Schnabel mit dunkler Spitze, Schwanzfedern nach unten gerichtet (Merkmal für Tauchenten)

<u>Weibchen</u>: braun, Flanken heller, Bauch und Flügelunterseiten weiß, kürzerer Schopf

<u>Jungvögel</u>: Küken schwarz; später blasser als Weibchen, Schnabel und Auge dunkel, Schopf nur angedeutet

Beobachtungs-Situationen

- schwarze Ente mit weißer Flanke schwimmt zusammen mit brauner Ente
- schwarze Ente mit weißer Flanke taucht unter und kurz darauf wieder auf
- viele schwarze-weiße und braune Enten im Winter auf See

Verfolgungsjagd bei der Balz

Im Winter große Trupps

Weiße Flügelunterseiten

... mehr Wissenswertes

- Tauchente: Nahrungssuche tauchend oder schwimmend unter Wasser, Sinneszellen auf dem Schnabel dienen zum Aufspüren von Muscheln oder Krebstieren
- wenig anspruchsvoll, daher überall zuhause und im Bestand zunehmend

Auch Weibchen haben einen blauen Spiegel.

Stockente
Anas platyshynchos

Lebensweise

- auf Gewässern aller Art, bevorzugt mit geringer Wassertiefe, von Meeresküste über Flussufer und Stillgewässer bis Gartenteich
- frisst kleine, im Wasser lebende Wirbellose und Wasserpflanzen, an Land auch Gras, Sämereien
- nistet meist gut versteckt am Boden in hohem Gras oder dichtem Gebüsch, auch auf kleinen Inseln oder über dem Boden in Astgabeln, Baumhöhlen, auf Gebäuden (z. B. Balkonkästen)
- Nest aus Pflanzenteilen, mit Federn gepolstert
- meist 7–13 Eier
- 1–2 Bruten zwischen März und Juli

Gesang und Ruf

Ruf: Männchen weich, nasal, tief „rhäb", oft wiederholt, Balzruf kurzes Pfeifen wie „piu"; Weibchen typisches Enten-Quaken mit Betonung auf ersten Silben wie „KWÄH-KWÄH-kwk-wah-kwah-kwa…"

Verhalten

- sehr gesellig, meist zu mehreren
- mit dem Schnabel wird das Wasser durchseiht und Nahrung herausgefiltert
- tag- und nachtaktiv
- Balz im Winterhalbjahr, mit lauten Verfolgungsjagden im Wasser
- wenig scheu

Küken

Verwechslungen

Löffelenten-Männchen im Prachtkleid: weiße Brust, brauner Bauch, löffelförmiger Schnabel

Weibchen verschiedener anderer Entenarten (o. Abb.): diese alle ohne blauen Spiegel

Merkmal: Aussehen

Aussehen

50–65 cm; Flügelspannweite 81–99 cm

<u>Männchen</u>: im Prachtkleid dunkelgrün metallisch glänzender Kopf, weißer Halsring, braune Brust, Bauch hellgrau, dunkler Schwanz mit stark nach oben gekrümmten Federn („Erpellocken"); im Schlichtkleid braun dunkel gemustert mit dunklem Schwanz; Schnabel gelb, metallisch blaues, weiß begrenztes Federfeld am Hinterflügel („Spiegel")

<u>Weibchen</u>: ganzjährig Grundfarbe braun, tarnfarben gemustert, Schnabel orange mit grauer Fleckung, blauer Spiegel

<u>Jungvögel</u>: Küken dunkel mit gelber Musterung; später wie Weibchen

Beobachtungs-Situationen

• Enten mit grünem Kopf zusammen mit braun gemusterten Enten am Gewässer

• Enten mit grünem Kopf zusammen mit braun gemusterten Enten laufen über Wiese oder Straße

• im Wasser gründelnde Ente mit gelockten schwarzen Federn am herausragenden Schwanz

• lautes Entenschnattern und -quaken

Je nach Lichteinfall schimmert der Kopf auch blau

Männchen im Prachtkleid

Stockentenpaar: li. Männchen, re. Weibchen

... mehr Wissenswertes

• Schwimm- oder Gründelente: „Köpfchen in das Wasser, Schwänzchen in die Höh", Nahrungssuche schwimmend im Wasser, ohne komplett unterzutauchen, aber auch an Land (längere Beine als Tauchenten)

• häufigste Entenart Europas und größte Entenart in Deutschland

• Stammform der Hausente

51

Häufig hört man die Stimme, bevor der Vogel entdeckt wird (Buchfink)

Vogelstimmen

Gesang und Rufe dienen der Kommunikation, z. B. Reviermarkierung, Anlocken eines Weibchens, Warnung, Kontakt zwischen Jung- und Altvögeln oder auf dem Zug. Daneben gibt es eine Vielzahl von Verhaltensweisen, bei denen Laute eine Rolle spielen (z. B. Stimmfühlungslaute, Bettelrufe, Balzgesang zur Paarungszeit u. v. m.).

Zum Einstieg in die Vogelbeobachtung sind einige wenige, sehr typische oder markante Gesänge und Rufe geeignet, wie sie in diesem Buch unter den einzelnen Arten erläutert sind. Beispiele sind der flötende Gesang der Amsel, der Ruf des Buchfinken mit seinem Endschnörkel oder der Gesang von Zilpzalp oder der Ruf des Kuckucks, die lautmalerisch die Vogelnamen wiedergeben. Punkte und Striche zur Verdeutlichung einzelner Töne bzw. Tonhöhen sowie Eselsbrücken dienen ebenso der Erinnerung.

Am besten lässt sich der Gesang von Vögeln lernen, wenn man den jeweiligen Vogel tatsächlich singen sieht, also beim Singen beobachtet. Noch besser ist es, wenn ein erfahrener Vogelbeobachter dabei auf typische Merkmale des Gesangs oder Unterschiede zu anderen Arten aufmerksam macht.

Vogelkonzert

Etwa ab Februar/März beginnen Vögel zu singen, der Gesangsbeginn wird ausgelöst durch die Tageslänge. Zunächst sind es nur wenige Arten. Jetzt ist die beste Zeit, Vogelstimmen zu lernen und wiederzuerkennen. Solange das Laub noch nicht ausgetrieben ist und Deckung bietet, kann man die Vögel dabei oft auch sehen. Bei Sonnenaufgang im Mai ist das

◀ Durch Bettelrufe machen Jungvögel auf sich aufmerksam (Amsel)

Merkmal: Gesang

Vogelkonzert dann so vielstimmig, dass sich auch erfahrene Vogelbeobachter erst wieder „einhören" müssen, um die einzelnen Gesänge zu trennen.

Zur Hochzeit der Reviermarkierung im Frühjahr singen die meisten Arten zwischen etwa 1,5 Stunden vor bis zum Sonnenaufgang. Sobald es hell genug ist, nutzen die Vögel den Tag zu Nahrungssuche, Nestbau und Balz. Sind dann die Paare mit der Jungenaufzucht beschäftigt, verstummt der Gesang meist, denn Nesträuber sollen ja nicht unnötig auf den Nachwuchs aufmerksam gemacht werden.

Manche Arten singen auch am Abend, besonders schön sind abendliche Konzerte von Amsel und Singdrossel.

Bei einigen Arten lebt die Gesangsaktivität nach der Brutzeit oder im Herbst nochmal auf, z. B. beim Zilpzalp. Rotkehlchen singen auch im Winter, Amseln lassen im Winter gelegentlich verhaltenen Gesang hören, als wenn sie schon fürs Frühjahr übten (Subsong).

Hörbeispiele

Über zahlreiche im Handel erhältliche CDs oder im Gelände sogar direkt über das Smartphone kann man Vogelstimmen anhören und vergleichen. Geeignet sind Internetseiten wie www.deutsche-vogelstimmen.de oder www.xeno-canto.org.

> Das Anlocken von Vögeln mithilfe von Klangattrappen (Gesang, Rufe) ist nach Bundesartenschutzverordnung §4 (1) verboten! Nur in besonderen Fällen werden hierfür Ausnahmegenehmigungen erteilt. **!**

Rotkehlchen singen auch im Winter

Typische Sitzhaltung mit
hängenden Flügeln

Kuckuck
Cuculus canorus

Aussehen

32–34 cm;
Flügelspannweite 55–60 cm

<u>Männchen</u>: schlank, Oberseite,
Kopf und Brust ungemustert
blaugrau, helle, dunkel quer
gemusterte Unterseite, langer
Schwanz mit weißem Ende, spitze Flügel, leicht nach unten gebogener Schnabel

<u>Weibchen</u>: wie Männchen, Brust
zusätzlich leicht rötlich, oder
Grundfarbe Braun mit dunkler
Musterung (seltener als grau)

<u>Jungvögel</u>: Grundfarbe grau,
weißer Nackenfleck

Lebensweise

- in vielerlei Lebensräumen, von offenem Wald bis zu Offenland mit Einzelbäumen
- frisst Insekten, v. a. Schmetterlingsraupen
- baut kein Nest und brütet nicht selbst
- pro Brutsaison etwa 10 Eier zwischen Mai und Juli

Verhalten

- schnelle, gerade Flugbahn, Flügel dabei nie über Körperhöhe, Kopf vorgereckt
- sitzt häufig mit nach unten hängenden Flügeln
- legt jeweils 1 Ei in Nester von anderen Vogelarten und lässt es ausbrüten (Brutparasit)
- frisch geschlüpfte Kuckucke entfernen weitere Eier und Jungvögel aus dem Nest
- Zugvogel, überwintert südlich der Sahara, Wegzug ab Ende Juli, Ankunft ab April

 Der Jungvogel wird von
Wirtseltern gefüttert

Verwechslungen

<u>Sperber</u>: gedrungener, Flügelenden gerundet,
Schwanz mit deutlichen dunklen Querbinden,
Hakenschnabel

<u>Gesang Türkentaube</u>: dreisilbig mit Betonung
auf 2. Silbe „du-DUU do"

Merkmal: Gesang

Gesang und Ruf

<u>Gesang</u>: namengebend zweisilbig „gu kuh", „kuck-kuh" über drei Tonhöhen (Terz)

<u>weitere Laute</u>: Männchen zur Balzzeit heiser „hach hachahch" oder „gog-gog-gog-chä-chä-chä", Weibchen hohes, sich beschleunigendes Kichern oder Trillern

Beobachtungs-Situationen

- typischer Kuckuck-Ruf ist zu hören
- grau gestreifter Vogel sitzt wenig aufrecht („vorgebeugt") oben oder außen im Baum oder auf Leitungsdraht
- spitzflügeliger, grau gestreifter Vogel fliegt mit lahm wirkendem Flügelschlag und geradem Rücken

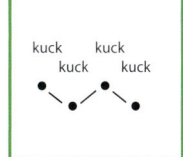

Schwanzfedern an der Spitze weiß

„Gerades" Flugbild

Fein gestreifte Brust

... mehr Wissenswertes

- Kuckucke fressen auch sehr haarige Raupen, die viele andere Vögel verschmähen
- Weibchen sind auf eine bestimmte Wirtsvogelart geprägt und legen ihre Eier nicht in die Nester abweichender Arten
- Kuckuck fest verankert im Brauchtum, z. B. soll das Geld nicht ausgehen, wenn man beim Kuckucksruf welches in der Tasche hat

Zilpzalp
Phylloscopus collybita

Unverwechselbarer monotoner
Gesang in zwei Tonlagen

Lebensweise

- in Wäldern, Parks und Gärten mit Sträuchern und Krautschicht
- frisst kleine Insekten und deren Entwicklungsstadien (Eier, Raupen, Puppen), auf dem Zug auch Beeren und Früchte
- nistet in der Krautschicht niedrig (unter 1 m) über dem Boden
- Nest kugeliger Bau aus Moos und Pflanzenfasern, mit Federn gepolstert
- 4–6 Eier
- 1–2 Bruten zwischen Mai und Juli

Aussehen

10–11 cm;
Flügelspannweite 15–21 cm

Männchen, Weibchen und Jungvögel: klein, grau-grün-braun, unterseits heller, dunkle Beine, spitzer feiner Schnabel

Verhalten

- Nahrungssuche in äußeren Zweigen
- Zugvogel, überwintert rund um das Mittelmeer bis nördlich der Sahara
- im Frühjahr vermehrt in der Nähe von Wasser, wo schon Insekten fliegen
- Gesang verstummt mit Brutbeginn, ist aber später im Jahr wieder zu hören

Gerne am Wasser

Verwechslungen

Fitis: sehr ähnlich, aber helle Beine, Gesang: melodiös wehmütig abfallend

Dorngrasmücke: rotbraune Flügel, weiße Kehle

Merkmal: Gesang

Gesang und Ruf

Gesang: klare Töne in zwei Tonhöhen mehrmals abwechselnd hintereinander wie „zilp zalp zilp zalp…" (namengebend), auch „zelp" oder „zlp"

Ruf: weich einsilbig „hüid"

Beobachtungs-Situationen

- typischer Gesang „zilp zalp zilp zalp…" ist zu hören
- kleiner grauer Vogel ohne Zeichnung huscht im Gebüsch in Wassernähe (Frühjahr, Zugzeit)
- kleiner grauer Vogel, hüpft auf Nahrungssuche gut getarnt zwischen Blättern im Baum

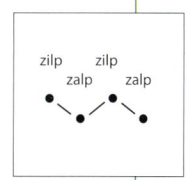

Grundfarbe gräulich grün

Zwischen Blättern gut getarnt

Fliegt im Frühjahr häufig entlang von Bächen

… mehr Wissenswertes

- geringe Platzansprüche, kleine Reviere auch in Gärten mit Sträuchern
- beim Nestbau wurden bis zu 1500 Transportflüge mit Nistmaterial beobachtet
- Nester in Bodennähe besonders anfällig für Nesträuber wie Katzen

Frisst im Sommer hauptsächlich
Würmer

Singdrossel
Turdus philomelos

Aussehen

23 cm;
Flügelspannweite 33–36 cm

<u>Männchen, Weibchen und Jung-
vögel</u>: Grundfarbe Braun, Unterseite hell gelblich mit dunkler
tropfenförmiger Zeichnung

Lebensweise

- in Wäldern, Parks, Gärten mit offenen
  Flächen
- frisst je nach Jahreszeit Würmer, Schnecken,
  Insekten, Raupen, Beeren und Früchte
- nistet frei in Bäumen, Sträuchern, Hecken,
  aber auch in Gebäudenischen oder auf
  Vorsprüngen
- Nest aus trockenen Halmen, innen mit Brei
  aus Holzfasern und Speichel verstärkt
- 4–6 Eier
- 2–3 Bruten zwischen März und August

Verhalten

- singt morgens und abends, bis Einbruch
  der Dunkelheit, von hohen Singwarten
  wie Hausgiebel, Baumspitze
- auf kurzrasigen Flächen werden Würmer
  aus der Erde gezogen, an geeigneten
  Stellen Schneckenhäuser zertrümmert
- Teilzieher, bei dem die meisten Vögel
  im Mittelmeerraum überwintern, einige
  aber im Brutgebiet bleiben

Jungvogel

Verwechslungen

<u>Misteldrossel</u> (li.): heller, unterseits runde Fle-
cken, weißer Wangenfleck, helle Federränder

<u>Wacholderdrossel</u> (re.): „bunter", grauer Kopf,
braune Schultern, grauer Rücken, ockerfarbe-
ne bis rötliche Kehle und Brust, unterseits nur
Flanken gemustert

<u>Amselweibchen</u> (s. S. 20): ohne Musterung

Gesang und Ruf

<u>Gesang</u>: abwechslungsreich flötend, besteht aus kurzen verschiedenen Motiven, die jeweils 2- bis 4-mal wiederholt werden, dazwischen Roller, Triller

<u>Ruf</u>: kurz „zip", aber auch zeternd wie Amseln

Beobachtungs-Situationen

- Vogel singt abends noch in der Dämmerung von Hausgiebel, Antenne, Baumspitze deutlich wiederholte Motive
- brauner Vogel mit gefleckter heller Unterseite am Boden auf Nahrungssuche
- brauner Vogel mit gefleckter heller Unterseite an Fallobst
- Ansammlung zertrümmerter Schneckenhäuser

wiederholte Motive

Tropfenförmige Brustzeichnung

Nahrungssuche am Boden

Bad zur Gefiederpflege

... mehr Wissenswertes

- in den Gesang werden Imitationen anderer Vogelstimmen oder Geräusche, wie z. B. Handy-Klingeln, eingebaut
- zerschlagene Schneckenhäuser zeigen den Fraßplatz einer Singdrossel an, der „Drosselschmiede" genannt wird
- im Gegensatz zu Amseln polstern Singdrosseln ihr Nest nicht mit Federn

Weibchen

Hausrotschwanz
Phoenicurus ochruros

Lebensweise

- vielseitige Lebensräume, wo Nischen zum Brüten und hohe Singwarten vorhanden sind
- häufig in Siedlungen mit Gärten
- frisst hauptsächlich Insekten, deren Larven und Spinnen, aber auch Beeren
- nistet in Nischen und Halbhöhlen in Felsen oder Gebäuden
- Nest aus Gräsern, Blättern, Moos, feinen Wurzeln, gepolstert mit Federn und Haaren
- 4–6 Eier
- 1–2 Bruten zwischen Mai und Juni

Aussehen

14–15 cm;
Flügelspannweite 23–27 cm

<u>Männchen</u>: dunkelgrau, Brust, Kehle und Gesicht schwarz, weißes Flügelfeld, roter Schwanz (namengebend); junge Männchen wie Weibchen

<u>Weibchen und Jungvögel</u>: graubraun mit rotem Schwanz

Verhalten

- singt als eine der ersten Vogelarten schon in der Morgendämmerung
- der Schwanz ist fast immer zitternd in Bewegung, während die Vögel in den Beinen einknicken (Knicksen)
- Insekten werden meist von einer Ansitzwarte aus im Flug gejagt
- Zugvogel, überwintert im westlichen Mittelmeerraum, Rückkehr ins Brutgebiet bereits im März

Fütterndes Männchen

Verwechslungen

<u>Amsel</u> (li.) (S. 20): größer, schwarz mit gelbem Schnabel oder braun

<u>Gartenrotschwanz</u> (re.): unterseits rostrot, weiße Kappe; seltener

Merkmal: Gesang

Gesang und Ruf

<u>Gesang</u>: leicht stotterndes, gepresstes Knirschen und Klickern, wie feiner Kies, der aneinanderreibt, zu Beginn wie „jirr-tititi…", gefolgt von kratzenden Tönen, am Ende kurzer Triller

<u>Ruf</u>: hoch „si" oder „fid", warnend „tek-tek-tek" oder „trrrtrrr"

Beobachtungs-Situationen

- knirschender Gesang von hoher Singwarte wie Hausgiebel, Antenne, Schornstein
- schwarzer Vogel mit rotem Schwanz jagt in der Luft nach Insekten
- schwarzer Vogel mit rotem Schwanz sitzt knicksend auf Mauer, Garage o. ä. und ruft warnend

knir-
schend
klirrend

Nest im Carport

Männchen im Prachtkleid

Jungvogel

… mehr Wissenswertes

- brütet häufig in unmittelbarer Nähe zu Menschen, z. B. an Hauseingängen (Windfang) oder Balkongiebeln
- nimmt gerne Halbhöhlen-Nistkästen
- Hausrotschwänze überwintern gelegentlich in milden Gegenden Süddeutschlands

Singwarte im Busch

Goldammer
Emberiza citrinella

Lebensweise

- in offener, abwechslungsreicher Landschaft mit Hecken und Gehölzen
- frisst hauptsächlich Sämereien, v. a. Grassamen und Getreide, zur Brutzeit auch Insekten und Spinnen
- nistet gut in der Vegetation versteckt am Boden oder niedrig in Büschen
- Nest aus trockenen Halmen und Blättern, innen mit feinerem Material gepolstert
- 3–5 Eier
- 2 Bruten, im April/Mai und bis August

Verhalten

- sitzt oft auf Pfosten oder Leitungsdrähten
- häufig entlang von Wegen, Wald- oder Dorfrändern
- Nahrungssuche meist am Boden, z. B. auf Stoppelfeldern

Aussehen

16–16,5 cm; Flügelspannweite 23–29,5 cm

<u>Männchen:</u> oberseits rötlich braun, unterseits braun-gelb gestreift, im Prachtkleid leuchtend gelber Kopf, gegabelter Schwanz; im Schlichtkleid weniger kräftig gelb, mit dunkler Wangenzeichnung, kräftiger Schnabel

<u>Weibchen:</u> blasser gefärbt, stärker tarnfarben gemustert

<u>Jungvögel:</u> eher grau als gelblich

Jungvogel

Verwechslungen

<u>Girlitz:</u> viel kleiner, ohne Rotbraun, Flanken dunkel gestrichelt, kurzer runder Schnabel

Gesang und Ruf

<u>Gesang</u>: relativ monoton „ti-ti-ti-ti-ti-tüüüü-üh", lautmalerisch auf gleicher Tonhöhe „wie-wie-wie-hab ich dich-liiieeb", langgezogenes „liiieeb" in tieferer Tonlage, zu Beginn der Brutsaison manchmal nur halb ausgesungen

<u>Ruf</u>: scharf „zick" oder fein „dsih", abfliegend „z(ü)rrrl"

Beobachtungs-Situationen

- gelber Vogel singt mit weit aufgesperrtem Schnabel von Leitung oder Busch
- gelber Vogel hüpft am Boden auf Feldweg
- gelbe und grüne (Grünfinken, S. 30) Vögel in gemischten Schwärmen
- gelber Vogel mit gegabeltem Schwanz fliegt am Feldweg von Busch zu Busch

wie wie wie
hab ich dich
liiieeb

Weibchen

Männchen zur Brutzeit leuchtend gelb

Sitzt häufig auf Zaunpfosten

... mehr Wissenswertes

- im Winter häufig in gemischten Schwärmen mit anderen Arten, z. B. Grünfinken
- je nach Vorkommensgebiet gibt es bei Goldammermännchen Unterschiede im Gesang (Dialekte)
- im Winter oft Gäste aus Skandinavien

Am Boden gut getarnt

Feldlerche
Alauda arvensis

Aussehen

18–19 cm;
Flügelspannweite 30–36 cm

<u>Männchen und Weibchen</u>:
Grundfarbe grau-braun, oberseits und an den Flanken kräftig gestrichelt, helle Federränder, kurze Federhaube, kräftiger, leicht abwärts gebogener Schnabel, weiße Außenkanten am Schwanz

<u>Jungvögel</u>: helle Federränder

Getreidefeld als Brutlebensraum

Lebensweise

- in offenen Landschaften mit vegetationsfreien Stellen
- frisst im Sommer kleine Insekten und Spinnen, im Winter Sämereien und Keimlinge
- brütet in Ackerland, Getreidefeldern und (extensiven) Viehweiden
- nistet in selbstgescharrter Bodenmulde gut versteckt zwischen Pflanzen
- Nestmulde mit feinem Pflanzenmaterial ausgekleidet
- 2–5 Eier
- 2 Bruten zwischen Ende März und Juli

Verhalten

- beim typischen Singflug steigen die Männchen singend hoch in die Luft, wo sie auf der Stelle flatternd mehrere Minuten (bis zu 15) trillernd singen
- landet nie direkt am Nest, sondern in einiger Entfernung und läuft zu Fuß dorthin
- Zugvogel, überwintert in Süd- und Westeuropa und nördlichem Afrika

Verwechslungen

<u>Wiesenpieper</u>: oberseits kräftig dunkel längs gestreift, keine Haube, schlanker Schnabel

Merkmal: Gesang

Gesang und Ruf

<u>Gesang</u>: im Aufstieg „trie-trie-trie…", hoch in der Luft aneinandergereihte Triller, Stakkatofolgen, Roller, Pfiffe, auch Imitationen anderer Vögel, sehr melodiös

<u>Ruf</u>: weich „trie", guttural „trlie"

Beobachtungs-Situationen

- kleiner Vogel flattert hoch in der Luft und singt anhaltend
- langanhaltender melodischer Gesang über Feldern und Wiesen
- Vogel „fällt" von weit oben in Wiese oder Feld ein
- kleiner grau-brauner Vogel mit (angedeuteter) Federhaube läuft auf Feldweg
- kleiner grau-brauner Vogel mit (angedeuteter) Federhaube sitzt auf Zaunpfosten

ausdauernd trällernd hoch in der Luft

Mehr oder weniger deutliche Haube

Brütet in landwirtschaftlich genutzten Flächen

Insekten für die Jungen

… mehr Wissenswertes

- der Singflug ist extrem anstrengend, wenn die Männchen mehrere Minuten ununterbrochen hoch in der Luft flatternd singen
- bei sogenannte Feldlerchenfenstern bleiben mehrere Quadratmeter im Feld unbearbeitet, damit die Vögel hier Lebensraum finden
- seit 1990 ist der Bestand der Feldlerche um mehr als ein Drittel zurückgegangen

Vogelschutz

Vögel stehen traditionell oftmals im Zentrum des Natur- und Artenschutzes. Hierfür gibt es mehrere Gründe: Aussehen, Gesang und Verhalten vieler Vogelarten begeistern viele Menschen. Die Beobachtung und Erfassung von Vögeln hat eine sehr lange Tradition, wodurch wir über Vögel mehr wissen, als über jede andere Tier- oder Pflanzengruppe. Aufgrund solcher über längere Zeiträume vergleichbaren Daten (Langzeitreihen) lässt sich ersehen, wie es um Vogelarten, z.B. Waldvögel, Feldvögel oder Zugvögel, bestellt ist. Vögel sind allgegenwärtig und kommen ganzjährig in nahezu allen Lebensräumen vor.

Vor allem aber sind Vögel ein hervorragender Anzeiger, ein Indikator, für den Zustand von Ökosystemen. In Deutschland bereitet der Dachverband Deutscher Avifaunisten (DDA) die Daten als Grundlage für die Erarbeitung von Schutzmaßnahmen auf und stellt sie zur Verfügung.

Seit einigen Jahrzehnten geht der Bestand vieler Vogelarten zurück. Einige Vogelarten in Deutschland konnten mit gezielten Maßnahmen vor dem Verschwinden bewahrt werden, Beispiele hierfür sind Wanderfalke oder Weißstorch. Viele ehemals häufige Arten, insbesondere unserer Wiesen, Weiden und Felder, wie Rebhuhn, Kiebitz oder Feldlerche, sind in den vergangenen Jahrzehnten aber selten geworden. Die Ursache für den Rückgang unserer Feldvögel liegt in der Vernichtung von Strukturen wie Hecken, Feldrainen, Brachen oder Brachflächen, aber auch in der Behandlung großer Flächen mit Pestiziden und Düngemitteln. Beispielsweise führen Düngung und Drainage von Wiesen dazu, dass die Vegetation schneller und dichter aufwächst und häufiger, oftmals mit sehr großen, schnellen Maschinen, gemäht wird – und wiesenbrütende Vogelarten hierdurch keine Überlebenschance haben.

Weißstorch (li.), moderne Landwirtschaft (m.), rastende Zugvögel (re.)

Der Vogelschutz hat nicht nur eine lange Tradition. Vielmehr hat der Vogelschutz die Grundlage für die gesamte Natur- und Artenschutzbewegung gelegt. Die Gründung vieler Naturschutzverbände geht ursprünglich auf Vogelschutzaktivitäten zurück. Auch hinsichtlich des gesetzlichen Rahmens bildete der Vogelschutz, national und international, den Grundstock für weitreichendere Naturschutzbemühungen. So wurde im Jahr 2019 die sogenannte Vogelschutzrichtlinie (VSR), eine Verordnung zum Schutz wildlebender Vogelarten in der EU, bereits 40 Jahre alt.

Die VSR und die 1992 in Kraft getretene Flora-Fauna-Habitat-Richtlinie (FFH-Richtlinie) bilden die Grundlage für das europaweite Schutzgebietsnetzwerk Natura 2000. Die VSR zählt zu den besten multi-nationalen Naturschutzgesetzen weltweit. Die Umsetzung in einem Land liegt bei den Mitgliedsstaaten der EU.

Weitere wichtige Vereinbarungen zum Schutz von Vögeln sind z.B. die Ramsar Konvention (1971, Wasservogel- und Feuchtgebietsschutz) sowie die Bonner Konvention (1979, Übereinkommen zur Erhaltung wandernder wild lebender Tierarten, Convention on the Conservation of Migratory Species of Wild Animals, CMS), das den Schutz wandernder Tierarten in ihrem gesamten Verbreitungsgebiet, also auch über Staatsgrenzen und Kontinente hinweg, zum Ziel hat. Dazu schließen die Vertragsstaaten in unterschiedlicher Zusammensetzung Regionalabkommen sowie weniger bindende Vereinbarungen ab. Eines der regionalen Abkommen unter CMS ist das Afrikanisch-Eurasische Wasservogelabkommen (1998, African–Eurasian Migratory Waterbird Agreement, AEWA) zum Schutz der Arten und Lebensräume von Zugvögeln zwischen Europa und Afrika. Organisiert und koordiniert wird CMS durch das vom Umweltprogramm der Vereinten Nationen (UNEP) getragene Sekretariat mit Sitz in Bonn und arbeitet in Deutschland eng mit dem Bundesamt für Naturschutz (BfN) zusammen.

Bachstelze

Vogelverhalten

Neben der Gefiederfärbung und der Stimme sind bestimmte Verhaltensweisen einzelner Arten charakteristisch, die sich meist zusammen mit der Einnischung (s. S. 12) im Laufe der Zeit entwickelt haben.

Häufig reicht die Beobachtung beispielsweise einer Fortbewegungsweise (manchmal in Kombination mit der Gefiederfarbe) vollkommen aus, um eine Art benennen zu können. Ein schönes Beispiel ist die Bachstelze, deren auffälligstes Merkmal, der lange Schwanz, am Boden fast immer auf und ab bewegt wird. Schwanzwippen kommt auch bei anderen Arten vor, aber nicht in Kombination „langer Schwanz – schwarz-weiße Gefiederfärbung – Trippeln am Boden".

Weitere Verhaltensweisen, die sich sehr gut unterscheiden lassen, gibt es bei der Nahrungssuche: Suchen die Vögel Körner oder Insekten, in der Luft, in der Vegetation oder am Boden? Ein schwarzer Vogel am Boden kann kein Mauersegler sein, der sich außer am Nest ausschließlich in der Luft aufhält.

Manche Vogelarten leben weitgehend einzelgängerisch (z. B. Zaunkönig), andere sind fast das ganze Jahr über paarweise unterwegs (z. B. Amsel, Blaumeise), wieder andere kommen immer zu mehreren vor (z. B. Haussperlinge). Eine in der Hecke tschilpende Vogelschar kann bei uns nur aus Sperlingen bestehen, in ländlichen Gegenden kommen auch die selteneren Feldsperlinge vor (s. S. 70).

Aus dem Augenwinkel

Besonders wichtig kann die Beobachtung von Verhaltensweisen sein, wenn man einen Vogel nur ganz kurz zu Gesicht be-

Lautes Vogelgezeter deutet auf eine lauernde Hauskatze hin

kommt, beispielsweise im Wald. Klettert der Vogel kopfüber am Baumstamm, kann es nur ein Kleiber sein, denn keine andere heimische Vogelart verhält sich so. Auch an Gewässern, wenn die Vögel weit weg sind, reicht oft ein bestimmtes Verhaltensmerkmal. Bestes Beispiel ist hier der Haubentaucher, der plötzlich abtaucht und oft an völlig anderer Stelle wieder an die Wasseroberfläche kommt. Zusammen mit der Gestalt lässt sich der Haubentaucher bestimmen, ohne dass man eine Gefiederfärbung oder Schnabelform erkennen muss.

„Drosselschmiede": Fressplatz einer Singdrossel mit zertrümmerten Schneckenhäusern

Aha-Erlebnisse und Überraschungen

Verhalten macht Vogelbeobachtung besonders spannend, denn hier „passiert richtig was", wie zwei kleine Beispiele zeigen sollen: an der Futterstelle lässt sich erkennen, welche der angeflogenen Kohlmeisen die dominantere ist, weil sie die andere verjagt; plötzliches lautes Schimpfen, z. B. Tixen von Amsel oder Rotkehlchen, deutet häufig auf eine vorbeischleichende Katze hin.

Auch die Beobachtung von Spuren als Zeichen bestimmten Verhaltens kann zur Bestimmung einer Art führen, selbst wenn der Vogel nicht in Sicht ist. Nahrungsreste, Kothaufen oder Eierschalen sind hierfür Beispiele.

Verhaltensweisen können als Merkmal dienen und in welcher Weise ein Vogel in einer bestimmten Situation reagiert, mag in gewissem Maß vorhersagbar sein, Aha-Erlebnisse und gelegentliche Überraschungen sorgen bei der Vogelbeobachtung dennoch für Kurzweil.

Haussperlinge sind fast immer in kleinen Trupps anzutreffen

Männchen mit schwarzer
Kehle und grauer Kopfplatte

Haussperling
Passer domesticus
Hausspatz

Lebensweise

- kommt flächendeckend, aber in unterschiedlicher Dichte, in der Nähe von Siedlungen vor
- frisst hauptsächlich Sämereien und Körner
- zur Jungenaufzucht Insekten
- Nest in Höhlungen und Nischen aller Art, gerne auch in Nistkästen
- Nest unordentlich kugelig aus trockenen Halmen, Blättern, Federn u. a.
- 3–6 Eier
- mehrere Bruten (bis zu 4) zwischen März und August

Gesang und Ruf

<u>Gesang</u>: typisches Gezwitscher aus wiederholten „tschilp"-Rufen

<u>Ruf</u>: durchdringend „tscheretet" oder als Warnruf „tschrrr"

Aussehen

14–15 cm;
Flügelspannweite: 21–25,5 cm

<u>Männchen</u>: oberseits braun gemustert, unterseits grau, schwarze Kehle, graue Kappe

<u>Weibchen und Jungvögel</u>: unscheinbar hell grau-braun, oberseits mit dunkler Zeichnung, oft heller Streif am Auge

Männchen füttert
bettelnden Jungvogel

Verwechslungen

<u>Feldsperling</u>: unterseits grau, oberseits schwarz-braun gemustert, mit dunkelbrauner Kopfplatte, schwarzes „Feld" in weißer Wange

Verhalten

- sehr sozial: „ein Spatz kommt selten allein"
- lebt in Kolonien, mehrere Paare brüten nah beieinander
- badet gerne in Wasser und Sand zur Gefiederpflege
- häufig an Futterstellen
- Haussperlinge sind oft mit Feldsperlingen vergesellschaftet, wenn beide Arten vorkommen

Beobachtungs-Situationen

- tschilpendes Gezwitscher aus Hecke oder Busch
- mehrere kleine grau-braune Vögel fliegen aus Hecke oder Busch
- Gruppe kleiner grau-brauner Vögel fliegt rasch gemeinsam in Hecke oder Busch ein
- Gruppe kleiner grau-brauner Vögel hüpft am Boden
- einzelner grau-brauner Vogel schlüpft unter Dachpfannen

„tschilp"

Nistkästenkolonie am Haus

Weibchen beim Sandbad

Nester liegen oft unter Dachziegeln

... mehr Wissenswertes

- Haussperlinge praktizieren sogenannte Gruppenbalz, bei der es zu schnellen Verfolgungsjagden mehrerer Männchen und Weibchen kommt, bis der Trupp in einer Deckung landet
- Sandbäder sind auch wichtig zur Gefiederpflege und für das Sozialgefüge
- obwohl immer noch häufig, sind die Bestände in den letzten Jahrzehnten überall in Europa zurückgegangen

Frisst fast ausschließlich Insekten und Spinnen

Zaunkönig
Troglodytes troglodytes

Lebensweise

- in Laub- und Mischwäldern, Parks und Gärten, sofern bodennahe Strauch- und Krautschicht vorhanden
- frisst Kleintiere am Boden, v. a. kleine Käfer, andere Insekten und Spinnen
- brütet gut versteckt in dichten Sträuchern, Hecken, Kletterpflanzen, auch auf geschützten Balken
- kugeliges Nest mit seitlicher Öffnung aus vorwiegend Moos, mit Federn und Haaren gepolstert
- 5–7 Eier
- 2 Bruten zwischen April und Juli

Gesang und Ruf

<u>Gesang</u>: unerwartet laut, dreiteilig in unterschiedlicher Tonhöhe und Tempo mit leiserer Einleitung, trillernd und schmetterndem Mittelteil (z. T. wiederholt), dann deutlicher Roller am Ende

<u>Ruf</u>: schimpft metallisch „zerr", Warnruf wie „tek", auch wiederholt, ähnlich Tixen anderer Arten

Aussehen

9–10 cm; Flügelspannweite 13–17 cm

<u>Männchen, Weibchen und Jungvögel</u>: klein, meist mit hochgestelltem („gestelztem") Schwanz, Grundfarbe rostbraun-grau mit feiner Musterung, unterseits heller, spitzer Schnabel

Kugeliges Moosnest

Verwechslungen

<u>Heckenbraunelle</u>: größer, grauer Kopf und graue Unterseite, ohne gestelzten Schwanz

Merkmal: Verhalten

Verhalten

- huscht am Boden umher, ähnlich einer Maus, „schlüpft" durch die Vegetation
- lebt sehr heimlich, bleibt möglichst immer in Deckung
- fast immer einzeln unterwegs
- gerne in Wassernähe, v.a. im Winter
- Gesang das ganze Jahr über zu hören

Beobachtungs-Situationen

- sehr kleiner brauner Vogel huscht wie eine Maus am Boden
- sehr lauter Gesang mit deutlichem Triller am Ende von niedriger Warte
- sehr kleiner brauner Vogel schlüpft niedrig in Büschen und Krautschicht von einem Sitzplatz zum nächsten

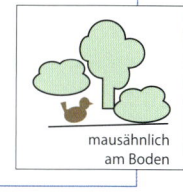

mausähnlich am Boden

Gelegentlich auch in Nistkästen

Häufig in Bodennähe

Extrem lauter Gesang

... mehr Wissenswertes

- einer der kleinsten Vögel Europas (nur Sommer- und Wintergoldhähnchen noch kleiner)
- das Männchen baut mehrere Nester, von denen das Weibchen eines auswählt; die übrigen werden zum Schlafen genutzt
- Nester auch in aufgeschichtetem Reisig oder zwischen Wurzeln von Wurzeltellern; ungewöhnlicher Niststandort in einem an die Wand gelehnten Reisigbesen
- im Winter gelegentlich zu mehreren in Nistkästen

Insekten für die Jungen

Bachstelze
Motacilla alba

Lebensweise

- offene, kurzrasige oder vegetationsfreie Flächen
- oft in Wassernähe, aber nicht zwingend
- frisst Insekten und Spinnen
- nistet in Halbhöhlen, z.B. in Uferböschungen, an Gebäuden oder Nistkästen
- Nest versteckt in (überhängender) Vegetation oder gut geschützt
- becherartiges Nest aus Gras, Zweigen, Moos, innen Wolle, Haare, Federn
- 5–6 Eier
- 2–3 Bruten zwischen April und Juni

Gesang und Ruf

<u>Gesang</u>: fließendes Schwätzen in unterschiedlicher Tonhöhe aus aneinandergereihten Rufen, eher selten zu hören

<u>Ruf</u>: zweisilbig „dschewitz" oder „tsiwui", „pe-vitt" (Flugruf), einsilbig „zick", „zlip"

Aussehen

18 cm; Flügelspannweite 25–30 cm

<u>Männchen</u>: grauer Rücken, schwarze Kehle und Brust, sowie schwarzer Scheitel und Nacken, Gesicht und Bauch weiß, auffällig langer Schwanz

<u>Weibchen</u>: wie Männchen, Nacken eher grau

<u>Jungvögel</u>: weniger kontrastreich, heller

Jungvogel

Verwechslungen

Verhalten

- schreitet oder trippelt am Boden mit wippendem Schwanz
- ruft meist bei Abflug und im Flug
- jagt am Boden trippelnd Insekten hinterher
- Teilzieher, d. h. die meisten Bachstelzen ziehen im Winter weg, Überwinterung im Mittelmeerraum und nördlichen Afrika, manche bleiben aber im Brutgebiet

Beobachtungs-Situationen

- schlanker, schwarz-grau-weißer Vogel mit langem, wippendem Schwanz trippelt am Boden
- schwarz-grau-weißer Vogel mit langem Schwanz sitzt auf Zaunpfosten oder Giebel
- schwarz-grau-weißer Vogel mit langem Schwanz fliegt wellenförmig und ruft „pe-vitt"

Schwanzwippen

Ansitz auf hoher Warte

Schreitet mit wippendem Schwanz am Boden

Jungvogel wird gefüttert

... mehr Wissenswertes

- in Siedlungen häufig auf freien Flächen wie Parkplätzen oder in Neubaugebieten
- im Winter finden sich mehrere Bachstelzen an gemeinsamen Schlafplätzen ein, z. B. in einzelnen Bäumen in Siedlungen
- der spitze, feine Schnabel wird genutzt wie eine Pinzette

Kontrastreiches Gefieder

Stieglitz

Carduelis carduelis
Distelfink

Lebensweise

- in offener, abwechslungsreicher Landschaft mit Wäldern, Parks, Gärten
- frisst fast nur Sämereien, v. a. von Disteln
- zur Jungenaufzucht kleine Insekten (Blattläuse)
- nistet außen in Bäumen und hohen Büschen
- Nest aus Halmen, Moos, feinen Wurzeln, außen mit Flechten getarnt, innen mit Haaren von Distelsamen (Distelwolle) gepolstert
- 4–6 Eier
- 1–3 Bruten zwischen Mai und August

Gesang und Ruf

Gesang: eiliges Zwitschern unterschiedlicher Tonhöhe, dazwischen Triller, am Ende nasal „chriä"

Ruf: lautmalerisch „stigelitt" (namengebend), v. a. im Flug

Aussehen

12 cm; Flügelspannweite: 21–22,5 cm

Männchen: bunt, Grundfarbe hellbraun, Kopf schwarz-weiß mit rotem Gesicht, heller Bauch, schwarz-gelbe Flügel, schwarzer gegabelter Schwanz, spitzer Schnabel

Weibchen: weniger intensiv gefärbt, schwer zu unterscheiden

Jungvögel: ohne Rot

Jungvogel

Verwechslungen

Verhalten

- ziehen mit dem spitzen Schnabel die feinen Samen aus Distelköpfen heraus
- fliegen in „hüpfender", höherer und tieferer Flugbahn
- rufen im Flug
- kommen häufig zum Trinken an geeignete Wasserstellen
- nach der Brutzeit und im Winter in größeren Trupps unterwegs

Beobachtungs-Situationen

- mehrere bunte Vögel mit gegabeltem Schwanz fliegen „stigelitt" rufend in „abgehackter" Flugbahn
- bunter Vogel mit rotem Gesicht frisst an Disteln
- bunter Vogel mit rotem Gesicht badet oder trinkt an Pfütze
- bunter Vogel mit rotem Gesicht an der Futterstelle

Distelsamen bevorzugt

Häufig an Futterstellen

Rote Gesichtsmaske

... mehr Wissenswertes

- fressen Distelsamen oft, bevor sie ganz reif sind (Milchreife), dann sind sie saftiger
- ältere Jungvögel werden mit im Kropf der Eltern vorgeweichten Sämereien gefüttert
- häufig in naturnahen Gärten mit Disteln
- früher oft als Käfigvogel gehalten

Vogelgarten

„Strukturvielfalt" und „Nichtstun" sind zwei wichtige Zauberworte für einen artenreichen Garten. Strukturen sind durch unterschiedliche Wuchsformen von Pflanzen (Staude, Busch, Baum etc.), unterschiedliches Material (Holz, Stein, Sand etc.), Licht und Schatten gegeben. Je mehr unterschiedliche Strukturen im Garten vorhanden sind, umso mehr verschiedene Pflanzen- und Tierarten finden einen Platz zum Leben. Wichtig für einen artenreichen Garten ist ein gewisses Verständnis von ökologischen Zusammenhängen, wie beispielsweise Nahrungsketten. Viele Insekten ernähren sich z. B. von Pollen und Nektar blühender Pflanzen, sie selbst wiederum sind Nahrung u. a. für viele Vögel. Andere Vogelarten fressen die Samen von Blühpflanzen. Ganz vereinfacht bedeutet dies: ohne Blüten gibt es auch keine Vögel im Garten. In heutzutage beliebten „Steingärten" aus Kies auf Unkrautvlies lebt so gut wie nichts – hier hilft auch keine Futterstelle mehr.

Dabei ist es sehr einfach, im eigenen Garten etwas für die Natur zu tun. Am einfachsten, Sie lassen in einer „Wilden Ecke" der Natur einfach ihren Lauf und greifen nur gelegentlich lenkend ein. Ein paar Brennnesseln reichen, damit sich Schmetterlinge hier fortpflanzen, deren Raupen oder Puppen in hohem Gras den Winter verbringen. In Reisig-, Bretter- oder Steinhaufen finden Igel, Eidechsen und viele kleine Krabbeltiere Unterschlupf, vielleicht brüten hier auch Rotkehlchen oder Zaunkönig.

Einmal angelegt, spart auch eine Blumenwiese viel Arbeit, denn im Gegensatz zu Englischem Rasen muss sie nur zweimal im Jahr gemäht werden. Teilflächen des Rasens zeitlich unterschiedlich zu mähen, bringt ebenfalls Struktur in den Garten und kann der Gartennutzung angepasst werden (z. B. eine Teilfläche zum Spielen kurzhalten).

Die Mischung macht's auch im Zier- oder Nutzbeet. Viele Blumen aus dem Gartenmarkt sind eigentlich Exoten, mit denen unsere heimische Insektenwelt häufig

Naturnaher Garten (li.), Grauschnäpper (li. u.), Stieglitz an Distelsamen (re.),

wenig anfangen kann. Völliger Verzicht ist aber auch hier gar nicht nötig, wenn dazwischen auch heimische Pflanzenarten wachsen dürfen. Nicht alles ist „Unkraut" und auch angeflogene Blumen können sehr schön aussehen.
In diesem Zusammenhang erübrigt sich fast der Hinweis, dass in einem artenreichen Garten Pestizide nichts zu suchen haben.

Weitere wichtige Bestandteile von Gärten sind Gehölze wie Bäume, Hecken oder Fassadenbegrünung, alles abhängig von der Größe des Gartens und dem persönlichen Geschmack. Hier finden Vögel Insekten, Früchte, Versteck- und Nistmöglichkeiten.

Vögel, allen voran Körnerfresser, müssen regelmäßig trinken. Daher wäre eine Vogeltränke eine schöne Bereicherung im Garten. Noch besser, wenn das Gefäß groß genug ist, dass Vögel auch darin baden können. Ein Teich wäre gleich noch besser und für viele weitere Tiere von Vorteil, ist aber nicht für jeden Garten geeignet.

Naturnahe Gärten sind für Vögel besonders attraktiv, da sie hier das ganze Jahr über etwas zu fressen finden. Dafür sollten auch verblühte Stauden und Samenstände bis zum Frühjahr stehen bleiben dürfen, denn hier überwintern Insekten (oder deren Larven) und andere Wirbellose. Die Sämereien werden von Vögeln direkt gefressen. Und wo es

Amselweibchen am Teich

nicht ganz so aufgeräumt zugeht, finden sich immer auch ein paar trockene Halme oder Reiser zum Nestbau. Statt immer alles runterzuschneiden, auszureißen oder wegzufegen, lässt sich die Zeit gut mit der Beobachtung der tierischen Garten-Mitbewohner verbringen.

Legt Vorratslager an

Kleiber
Sitta europaea
Spechtmeise

Lebensweise

- in lichten Laub- und Mischwäldern, Parks und Gärten
- frisst an der Rinde lebende Insekten und Spinnen, Nüsse und Sämereien
- nistet in Höhlen, z. B. alten Spechthöhlen, gerne in Nistkästen
- als Unterlage für die Eier dienen fast immer die Rindenplättchen von Kiefern
- 6–7 Eier
- 1–2 Bruten im April und Mai

Gesang und Ruf

Gesang: aus Pfiffen und Trillern in unterschiedlicher Tonhöhe mit Pausen dazwischen

Ruf: typisch klar eilig „witwitwitwit" oder „wiwiwiwi", Warnruf hoch „zit"

Aussehen

14 cm; Flügelspannweite 22,5–27 cm

Männchen: bunt, oberseits blaugrau, unterseits mit mehr oder weniger rostroten Flanken, schwarzer Streif quer über das Auge, weiße Wange, sehr spitzer schwarzer Schnabel

Weibchen: wie Männchen, blasser rostrot, schwer zu unterscheiden

Jungvögel: brauner Augenstreif

Kopfunter geht auch beim Füttern

Verwechslungen

Baumläufer: kleiner, grau-braun mit heller Unterseite, sehr spitzer abwärts gebogener Schnabel, läuft nie mit dem Kopf nach unten am Stamm; seltener

Verhalten

- klettert am Baumstamm mit dem Kopf nach oben ebenso wie nach unten
- Nüsse und Kerne werden zwischen der Rinde festgeklemmt und mit dem Schnabel aufgehackt
- die Einfluglöcher von Baumhöhlen oder Nistkästen werden mit Lehm auf die „richtige" Größe zugemauert (geklebt, Kleber = Kleiber)
- holt am Futterhaus Erdnüsse und Sonnenblumenkerne, die z.T. versteckt werden

Beobachtungs-Situationen

- (bunter) Vogel klettert am Baumstamm rasch kopfunter
- bunter Vogel „springt" rund um Baumstamm oder dickeren Ast
- durchdringende Ruffolge im Wald „wiwiwiwi"
- bunter Vogel mit spitzem, schwarzem Schnabel und schwarzem Augenstreif trägt Kerne von der Futterstelle weg

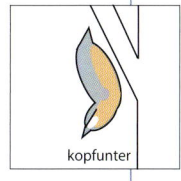

kopfunter

Frisst gerne Erdnusskerne

Höhleneingänge werden auf passendes Maß zugekleistert

... auch bei Nistkästen

... mehr Wissenswertes

- Kiefernrindenplättchen finden sich auch in Nestern, die weiter weg von Kiefernwäldern liegen
- legt in Baumritzen Vorräte aus Nüssen und Körnern an, die mit Moos getarnt werden
- Paare bleiben auch im Winter zusammen und verteidigen ein (Nahrungs)Revier

Jungvögel (li.) erkennt man am roten Scheitel

Buntspecht
Dendrocopos major

Lebensweise

- in Wäldern, Gärten und Parks
- ernährt sich von in Rinde und Holz lebenden Insekten und deren Larven, Samen von Bäumen (aus Kiefer- und Fichtenzapfen), frisst auch Eier und Jungvögel anderer Arten, Beeren und Früchte
- nistet in selbstgezimmerten Baumhöhlen
- verwendet kein Nistmaterial, als Unterlage für die Eier dienen höchstens verrottende Holzfasern
- 4–7 Eier
- 1 Brut im April/Mai

Gesang und Ruf

<u>Trommeln</u>: statt Gesang zur Reviermarkierung in Serien Trommeln mit dem Schnabel an toten Bäumen, in Siedlungen auch an Antennen; Fachleute können die Trommelwirbel einzelner Spechtarten zuordnen; Trommelwirbel unterscheiden sich von den Klopfgeräuschen bei Nahrungssuche und Höhlenbau

<u>Ruf</u>: hoch, kehlig, metallisch „kix", schnell aneinandergereiht, bei Erregung auch „kreck"

Aussehen

20–24 cm; Flügelspannweite 34–39 cm

<u>Männchen</u>: schwarz-weiß mit knallrotem Unterbauch und Nackenfleck, schwarzer Zügel im weißen Gesicht durchgehend vom Schnabel bis zum Nacken, große weiße Schulterflecken

<u>Weibchen</u>: kein roter Nackenfleck

<u>Jungvögel</u>: etwas blasser, mit rotem Scheitel

Hackspuren im Holz

Verwechslungen

<u>Grünspecht</u>: oberseits grün, Unterseite und Gesicht hell mit dunklem „Bart" am Schnabel, rote Kopfplatte

Verhalten

- fliegt in wellenförmiger Bahn
- klettert geschickt an Baumstämmen (nie kopfunter), nutzt die verstärkten Schwanzfedern zum Stabilisieren (Stützschwanz)
- hackt mit dem Schnabel Holz klein, um mit der langen Zunge an im Holz wohnende Insekten(larven) zu gelangen
- Nüsse und Zapfen werden zwischen Rinde geklemmt und mit dem Schnabel die Samen herausgeholt (Spechtschmiede)
- am Futterhaus sehr dominant, vertreibt andere Arten

Beobachtungs-Situationen

- schwarz-weiß-roter Vogel am Baumstamm
- mit Pausen wiederholte Trommelwirbel im Wald
- mehrere zerfledderte Zapfen am Boden oder in Rindenspalten
- laute Bettelrufe aus einer Baumhöhle
- Hackspuren in stehenden oder liegenden Baumstämmen

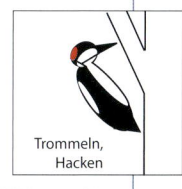

Trommeln, Hacken

Höhlen werden selbst gezimmert

Kommt auch an Futterstellen

Männchen mit rotem Nacken

... mehr Wissenswertes

- die Jungen sitzen im Nest abwechselnd übereinander, um sich warm zu halten (Wärmepyramide)
- Beutetiere bleiben an der sehr langen, klebrigen Zunge hängen oder werden mit dem Widerhaken an der Zungenspitze aus dem Holz herausgezogen
- Spechthöhlen werden von vielen anderen Tieren als „Nachmieter" genutzt, u. a. Hohltaube, Eulenarten, Fledermäuse, Hornissen oder Eichhörnchen

Weibchen

Turmfalke
Falco tinnunculus

Lebensweise

- offene Landschaften zur Jagd, Brutplätze oft an hohen Gebäuden, Kirchen, Schornsteinen, Leitungsmasten u. a.
- frisst hauptsächlich Wühlmäuse, aber auch andere Mäuse, Maulwürfe, Eidechsen, größere Insekten, kleine Vögel
- nistet hoch in Nischen und Höhlungen an Felswänden oder Gebäuden, auch in geräumigen, halboffenen Nistkästen oder in alten Krähen- oder Elsternestern
- meist kein Nistmaterial
- 4–6 Eier
- 1 Brut März/April

Gesang und Ruf

<u>Ruf</u>: helle, laute Rufreihen wie „kikikikiki…", häufig im Flug, langgezogene wimmernde Bettelrufe von Weibchen und Jungvögeln wie „krii i i i i…"; ruft hoch, kehlig, metallisch „kix", schnell aneinandergereiht, bei Erregung auch „kreck"

Aussehen

32–39 cm; Flügelspannweite 65–82 cm

<u>Männchen</u>: typischer Falke mit langen spitzen Flügeln und langem, spitzem Schwanz, aufgefächerter Schwanz abgerundet, oberseits rotbraun, unterseits hell, jeweils dunkel gefleckt, Kopf, Bürzel und Schwanz grau, schwarze Schwanzendbinde, hakenförmig nach unten gebogener Schnabel

<u>Weibchen und Jungvögel</u>: insgesamt braun mit eng gebändertem Schwanz

Jungvögel am Nistplatz

Verwechslungen

<u>Wanderfalke (li.)</u>: dunkelgrau, unterseits hell mit dunkler Querzeichnung

<u>Sperber (re.)</u>: oberseits grau, Brust quergestreift (Männchen weiß-orange, Weibchen weiß-grau), im Flug breitere Flügel

Verhalten

- späht in rüttelndem Flug auf der Stelle Beute am Boden aus, die im Sturzflug erjagt wird
- tötet Beute durch gezielten Biss in den Nacken oder Hinterkopf mit dem hakenförmigen Schnabel
- aufwendige Balzflüge mit Gleitphasen, Schlagflug und schraubenförmigen Drehungen, an hohen Gebäuden Flugmanöver
- sitzt häufig auf Leitungen oder Dächern

Beobachtungs-Situationen

- kleiner Greifvogel fliegt mit gefächertem Schwanz „auf der Stelle"
- kleiner rotbrauner Greifvogel sitzt auf Pfosten oder Leitung
- kleiner Greifvogel mit spitzen Flügeln und langem Schwanz fliegt um hohe Gebäude
- hohe „kikikikiki…"-Rufe in der Nähe von Kirchtürmen

kleiner Greifvogel
in der Luft rüttelnd

Mäuse als Hauptnahrung

Im Flug dunkle Schwanzbinde deutlich

Brütet häufig an hohen Gebäuden

… mehr Wissenswertes

- Turmfalken können die ultraviolette Farbe im Urin sehen, mit dem Mäuse ihr Revier markieren, und so Beute finden
- Nistplätze und Nahrungsflächen können weit auseinander liegen
- im Stoßflug mit nach oben gebogenen Flügeln (V-Flug) können kurzzeitig Geschwindigkeiten von über 100 km/h erreicht werden

Hintere Flügelunterseite hell

Mäusebussard

Buteo buteo

Lebensweise

- strukturreiches Offenland mit Feldgehölzen oder in Waldnähe
- frisst hauptsächlich (Feld-)Mäuse, aber auch andere kleine Wirbeltiere, Regenwürmer und große Insekten
- nistet meist im Wald, in Feldgehölzen oder auf Einzelbäumen, auch auf Masten
- großes Nest (Horst) aus groben Ästen und Zweigen, Nestmulde mit feinerem Material ausgelegt
- 2–3 Eier
- 1 Brut zwischen März und Mai

Gesang und Ruf

<u>Ruf</u>: typisch hoch langgezogen miauend „hi-ää" oder „ki-jäh", Alarmruf dringender, mit platzendem „pi-jää", zur Balz „Partnerrufreihe" mit 15-mal oder mehr wiederholtem, gleichtönigem, abgehacktem „kweje kweje kweje…"

Aussehen

50–57 cm;
Flügelspannweite 113–128 cm

<u>Männchen</u>: Grundfarbe von fast weiß bis dunkelbraun variabel, häufig mit hellem Brustband (nicht immer), Brust mehr oder weniger deutlich quer gestrichelt, Flügelunterseiten hinten immer hell mit dunkler Musterung, schwarze Flügelenden, Schwanz eng gebändert, Flugbild mit breiten Flügeln, „eingezogenem" Kopf und oft gefächertem Schwanz

<u>Weibchen</u>: etwa 1/3 größer als Männchen

<u>Jungvögel</u>: Brust längs gestrichelt

Bussardnest (Horst)

Verwechslungen

<u>Rotmilan (li.)</u>: größer, Flügel schmaler, länger und unterseits schwarz mit weißem Feld, gegabelter Schwanz

<u>Habicht (re.)</u>: oberseits grau oder braun, unterseits weiß und komplett fein gebändert, längere, schmalere Flügel

Merkmal: Verhalten

Verhalten

- balzt hoch kreisend über dem Brutlebensraum
- Flügel im Segelflug flach V-förmig nach oben gestellt
- jagt über Flächen mit niedriger Vegetation im niedrigen Flug, von einem Ansitz aus oder zu Fuß gehend
- sitzt häufig am Boden auf Feldern, Äckern, Wiesen, am Straßenrand
- ruft viel und relativ laut
- unverdaute Nahrungsreste werden als Gewöll ohne Knochen wieder ausgewürgt

Beobachtungs-Situationen

- großer, schwerfällig erscheinender Vogel mit breiten runden Flügeln und „rundem" Schwanz kreist hoch oben
- großer brauner Vogel mit hellem, v-förmigem Band über der Brust sitzt auf Leitpfosten
- großer brauner Vogel schreitet über frisch gemähtes Feld oder Wiese
- viele Gewölle ohne Knochen am Boden unter einem Zaunpfosten

großer Greifvogel in der Luft kreisend

Oft weißes Brutband

Jagd von niedriger Ansitzwarte

Häufig auf Zaunpfosten

... mehr Wissenswertes

- kreisender Gleit- oder Segelflug ist abhängig von warmen Luftströmungen (Thermik), daher meist erst ab Vormittag zu beobachten
- individuelle Gefiederfärbungen reichen von sehr hell bis sehr dunkel, mit oder ohne hellem Brustband
- häufigster Greifvogel Mitteleuropas

Gedrungener Körper mit kleinem Kopf

Ringeltaube
Columba palumbus

Lebensweise

- in Wäldern, Parks, Gärten, auch in Städten
- ernährt sich rein vegetarisch von Getreide, Sämereien (auch Baumsamen), Beeren, Knospen und anderen Pflanzenteilen
- nistet in Büschen, Bäumen, Kletterpflanzen, je nach Jahreszeit gut sichtbar, in Städten auch auf Gebäudevorsprüngen
- Nest lockerer Bau aus kleinen Reisern
- 2 Eier
- mehrere Bruten ganzjährig

Gesang und Ruf

<u>Gesang</u>: typisches Taubengurren, wiederholt hintereinander dumpf „du-duuh – du-duuh - du", in zwei Tonlagen

<u>Ruf</u>: am Nest leises gurrendes Knurren

<u>Instrumentallaut</u>: durch die Flügel verursachtes klatschendes Geräusch, ähnlich Peitschenknallen (Flügelklatschen)

Aussehen

41–45 cm; Flügelspannweite 75–80 cm

<u>Männchen und Weibchen</u>: groß und kompakt, Grundfarbe Grau, Nacken blaugrün schillernd, unterseits rosa getönt, weiße Flecken am Hals (kein echter Halsring, da nicht geschlossen) und auf Flügeln, gelbe Iris, rötlicher Schnabel mit gelber Spitze

<u>Jungvögel</u>: ohne weißen „Halsring", dunkle Iris

Nest aus feinen Reisern

Verwechslungen

<u>Türkentaube (li.)</u>: kleiner, hell beige-braun, schwarzer Halsring

<u>Straßentaube/Stadttaube (re.)</u>: ohne Halsring, Flügel dunkel gemustert, dunkler Schnabel

Verhalten

- fast immer paarweise unterwegs
- trinken oft und häufig an Pfützen, Teichen, Vogeltränken
- Gesang das ganze Jahr über zu hören
- auffälliger Schauflug mit schnellen Flügelschlägen zum Aufstieg, gefolgt von Abwärtsgleiten, mit Flügelklatschen bei Abflug und Landung
- Männchen mit „dickem Hals" gehen imponierend nickend auf Weibchen zu

Beobachtungs-Situationen

- ein oder zwei gedrungene mittelgroße Vögel mit weißem „Halsring" schreiten auf Dachfirst
- mittelgroßer Vogel fliegt bogenförmig in die Luft und gleitet mit klatschendem Flügelgeräusch wieder nach unten
- Flügelklatschen im Wald oder Park zu hören
- von unten her „durchsichtiges" Reisignest im unteren Geäst von Bäumen

Auffliegen, Abwärtsgleiten mit Flügelklatschen

Tauben trinken häufig

Reisig als Nistmaterial

Auffälliger Balzflug

... mehr Wissenswertes

- da Tauben ihre Jungen mit selbstproduzierter Kropfmilch füttern, sind sie nicht auf spezielle Nestlingsnahrung angewiesen und können das ganze Jahr über brüten, manchmal auch im Winter
- Tauben legen immer nur 2 weiße Eier
- nehmen kleine Steinchen auf, die im Magen die Nahrung zerkleinern helfen (Magensteinchen)

Im Flug sichelförmige Flügel

Mauersegler

Apus apus

Lebensweise

- über allen Lebensräumen in der Luft, nur zur Brutzeit am Nest
- frisst ausschließlich Insekten, die in der Luft gefangen werden (v. a. Mücken, häufig schwärmende Insekten, z. B. Schwebfliegen)
- brütet in Hohlräumen hoch an Gebäuden, z. B. in Traufgängen, Mauernischen, auch Nistkästen; freier An- und Abflug von sowie nach unten muss gegeben sein
- Nistmaterial sind wenige in der Luft geschnappte Halme und Federn
- 2–3 Eier
- 1 Brut zwischen Mai und Juli

Gesang und Ruf

<u>Ruf</u>: laut, durchdringend, schrill „srih, srih" oder „sirrr", v. a. bei rasanten Flugmanövern (Kreischen), Jungvögel betteln mit hohen Trillern

Aussehen

16–17 cm;
Flügelspannweite 42–48 cm

<u>Männchen und Weibchen:</u> rußschwarz, Kehle etwas heller; im Flugbild schmale, sichelförmige Flügel, „eingezogener" Kopf, gegabelter Schwanz

<u>Jungvögel:</u> durch helle Federränder leicht gemustert

Mauerseglerkolonie in Nistkästen

Verwechslungen

<u>Rauchschwalbe</u> (li.) (S. 38): unterseits weiß mit dunklem Kopf, lange dünne Schwanzspieße

<u>Mehlschwalbe</u> (re.): unterseits weiß, gegabelter Schwanz

Verhalten

- fressen, schlafen, paaren sich in der Luft
- Insekten werden mit dem breiten, geöffneten Schnabel in der Luft gekeschert
- fliegen zu mehreren in rasanten Manövern um Gebäudeecken
- Zugvogel, überwintert in Afrika am Äquator und südlich davon, Ankunft im Brutgebiet im Mai, Wegzug im August

Beobachtungs-Situationen

- Vögel mit sichelförmiger Flügel-Silhouette fliegen hoch am Himmel
- mehrere Vögel fliegen laut kreischend über Gebäuden und um Dächer und Hausecken
- einfarbig dunkler Vogel „fällt" aus Nestöffnung abwärts und fliegt dann wendig fort
- bei regnerischem Wetter fliegen Vögel mit sichelförmiger Flügel-Silhouette niedrig über Wasserflächen

Federn und Halme als Nistmaterial

Fliegen in Trupps

Anflug an der Bruthöhle

... mehr Wissenswertes

- Jungvögel werden mit im Kropf gesammelten Futterballen aus Insekten gefüttert
- bei schlechtem Wetter ohne fliegende Insekten wandern Mauersegler kurze Strecken in günstigere Regionen
- allein gelassene Jungvögel können bis zu 14 Tage ohne Nahrung auskommen
- auch im Winterquartier leben Mauersegler ausschließlich in der Luft

Küken mit bunten Köpfen

Blässhuhn
Fulica atra
Blässralle

Lebensweise

- an stehenden oder langsam fließenden Gewässern mit flachen, vegetationsreichen Ufern, im Winter auch Stauseen ohne Uferpflanzen
- frisst Pflanzenteile (frisch oder abgestorben), Schnecken, Insekten und deren Larven, Abfälle
- nistet in flachem Wasser
- Nest auf fester Unterlage oder an Pflanzen befestigt
- Nest aus Pflanzenmaterial, oft mit kleiner „Rampe" zum Wasser
- 5–10 Eier
- 1–2 Bruten ab März

Gesang und Ruf

Ruf: Männchen: etwas kehlig und knallend-platzend „köck" oder „kröck", vielfältige kurze Rufe wie „tsk", „tsi", „tp", Weibchen: laut „köw"

Aussehen

36–39 cm;
Flügelspannweite 70–80 cm

Männchen und Weibchen: „rundlich", schwarz, weißer rosa getönter Schnabel, der in weißes Stirnschild übergeht, rotes Auge, Füße mit Schwimmlappen an den Zehen, sehr kurzer Schwanz

Jungvögel: Küken grau-schwarz mit Gelb, Rot und Blau am Kopf, roter Schnabel, später schwarz-braun weißer Hals und Brust, dunkles Auge

Im Winter große Trupps, oft zusammen mit anderen Arten

Verwechslungen

Teichhuhn: braun-schwarz, rot-gelber Schnabel und rote Stirnplatte, längerer Schwanz unterseits weiß, weiß gefleckte Flanken; Küken schwarz mit rotem Schnabel

Verhalten

- schwimmt und läuft mit nickenden Kopf-bewegungen
- Nahrungssuche an Land und im Wasser
- nach etwa 3 Tagen verlassen Küken das Nest und schwimmen mit den Eltern
- zur Brutzeit heimliches Schlüpfen in dichten Uferpflanzen
- auch nachts unterwegs

Beobachtungs-Situationen

- rundlicher schwarzer Vogel mit weißer Stirn schwimmt mit nickendem Kopf
- rundlicher schwarzer Vogel mit weißer Stirn und Lappen an den Füßen schreitet über Wiese
- rundlicher schwarzer Vogel (mit weißer Stirn) schwimmt lautlos in dichte Deckung
- knallende Laute wie „köck" am Gewässer

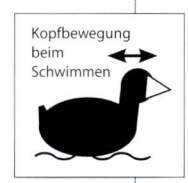

Kopfbewegung beim Schwimmen

An den Zehen sitzen Schwimmlappen

Nest in flachem Wasser

Nahrungssuche auch an Land

... mehr Wissenswertes

- zum Auffliegen „laufen" Blässhühner mit schlagenden Flügeln auf dem Wasser
- Brutreviere werden aggressiv verteidigt
- im Winter viele Gäste aus Nordosteuropa

Paar beim Balzschwimmen

Haubentaucher
Podiceps cristatus

Lebensweise

- auf größeren Stillgewässern mit Schilf und Uferbewuchs, im Winter auf allen Arten von Seen
- frisst hauptsächlich Fische bis 20 cm Länge, auch Wasserinsekten, Kaulquappen und kleine Frösche
- Nest meist schwimmend an offenem Wasser auf selbst gebauter Plattform
- Nistmaterial alte oder grüne Pflanzen aus der Umgebung
- 2–6 Eier
- 1 Brut zwischen April und Juni

Aussehen

46–61 cm; Flügelspannweite 85–90 cm

<u>Männchen und Weibchen:</u> „ovaler" Körper, tief im Wasser liegend, langer Hals, oberseits schwarz-braun, unterseits hell, hellbraune Flanken, spitzer Schnabel; zur Brutzeit rostbraun und schwarzer Federkragen und -haube, weißes Gesicht, rote Augen, im Schlichtkleid weißer Hals und Kopf mit kurzen, schwarzen „Federohren"

<u>Jungvögel:</u> Küken an Kopf und Rücken auffällig schwarz-weiß gestreift, später wie Schlichtkleid

Gesang und Ruf

<u>Ruf:</u> hoch schnarrend oder rollend „aorr", wenig ruffreudig außer zur Balz klappernd „keck, keck, keck…", tixende und trompetende Laute; Jungvögel betteln pfeifend „vie-vie-vie…"

Schlichtkleid

Verwechslungen

Merkmal: Verhalten

Verhalten

- Nahrungssuche tauchend im Wasser
- tag- und nachtaktiv
- auffälliges Balzverhalten mit spiegelglei-
  chen Bewegungen beider Partner: Brust
  an Brust schwimmend, abrupte Kopfbewegungen, nebeneinander auf dem Wasser
  laufend u. a.
- Jungen schwimmen ab dem 1. Tag
- manche Haubentaucher ziehen im Winter
  nach Westen, andere bleiben im Brutgebiet

Beobachtungs-Situationen

- mittelgroßer „flacher" Vogel schwimmt mit aufgestelltem Federkragen am Kopf
- mittelgroßer „flacher" Vogel taucht plötzlich weg, bleibt relativ
  lange unter Wasser, kommt oft weiter entfernt wieder an die
  Oberfläche
- zwei Vögel mit aufgestellten Federkragen schwimmen/bewe-
  gen sich synchron spiegelbildlich
- mittelgroßer „flacher" Vogel trägt gestreifte Küken auf dem
  Rücken

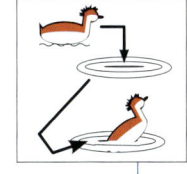

Schwimmendes Nest

Junge werden auf dem
Rücken getragen

Fische sind
Hauptnahrung

... mehr Wissenswertes

- Haubentaucher tauchen im Schnitt 45 Sekunden lang und legen dabei mehrere
  Meter unter Wasser zurück
- Küken werden auf dem Rücken der Altvögel mitgenommen, auch zum Tauchen,
  dann poppen sie aber wie Korken wieder an die Oberfläche
- der Balztanz der Haubentaucher ist einmalig unter den Wasservögeln

Mäusebussard im Abflug

Jede Beobachtung zählt

Vögel sind für den Naturschutz eine wichtige Artengruppe (s. S. 66). Wissenschaftliche Erfassungen bilden die Grundlagen für die Festlegung und Umsetzung von Schutzmaßnahmen. Hier ist bei den Bearbeitenden – egal ob hauptberuflich oder ehrenamtlich – eine gute Artenkenntnis die Voraussetzung. Jeder von ihnen hat irgendwann angefangen, sich mit Vogelbestimmung zu beschäftigen, welche Art in welchem Lebensraum sich wie verhält und warum, kurz gesagt: genauer hinzusehen.

Junge Blaumeise an der Tränke

Das genaue Hinsehen fördern u. a. auch Mitmachaktionen wie die von NABU und LBV durchgeführte Stunde der Wintervögel jedes Jahr Anfang Januar und die Stunde der Gartenvögel Anfang Mai (www.stunde-der-gartenvoegel.de; www.stunde-der-wintervoegel.de). In diesen sogenannte Citizen Science Projekten (= Bürgerwissenschaften) wird die Bevölkerung aufgerufen, am jeweils festgelegten Wochenende die Vögel in Garten, Park oder Schulhof zu beobachten und an die Verbände zu melden, wie viele Tiere welcher Vogelart innerhalb einer Stunde jeweils gleichzeitig zu sehen waren. Hieraus lassen sich im Vergleich der Jahre Trends ablesen oder auch im jeweiligen Jahr Phänomene möglicherweise erklären. Fällt der Winter in Nordeuropa beispielsweise recht mild aus, kommen zu uns weniger Kohlmeisen als Wintergäste. In strengen Wintern und bei geringem Nahrungsangebot (z.B. Beeren) ist mit Einflügen von Seidenschwänzen weiter nach Westen zu rechnen, wo die Bedingungen günstiger sind. Beobachtungen können diese Phänomene widerspiegeln.

Monitoring-Programme

Die Daten aus der Stunde der Winter-
bzw. Gartenvögel sind natürlich nicht
wissenschaftlich fundiert erhoben, aber
durch eine große Teilnehmerzahl relati-
vieren sich Fehler.

Interessanterweise decken sich diese
Ergebnisse weitgehend mit den syste-
matisch vom Dachverband Deutscher
Avifaunisten (DDA, www.dda-web.de) im
Rahmen des Monitorings häufiger Brut-
vögel erfassten Zahlen, die ausgebildete
Vogelkundler regelmäßig aufzeichnen.

Neben dem Monitoring häufiger Brutvögel werden regelmäßig auch die Bestände seltener Brutvögel, von Wasservögeln
(Wasservogelzählung, WVZ) oder einzelnen Arten und Artengruppen erfasst, z.B.
Kormorane, Kraniche am Schlafplatz oder
überwinternde Gänse.

Viele der Vogelzähler sind ehrenamtlich
unterwegs und widmen so ihr Hobby und
ihre Zeit dem Naturschutz. Sehr häufig
werden die Beobachtungen mittlerweile
über die Internetplattform ornitho.de direkt an den DDA gemeldet, der die Daten
dann auswertet. Hier lassen sich auch beispielsweise Beobachtungen der letzten
Tage nach Regionen oder Seltenheiten
nachschauen (www.ornitho.de).

Genau hinsehen

Wichtig ist in allen Fällen die Aufzeich-
nung der Beobachtungen. Denn wenn
man mit Bestimmtheit Art und Anzahl
angeben will, muss man genauer hinsehen – und lernt dabei. Auch wenn es dem
einen oder anderen etwas übertrieben
erscheinen mag, jeden gesehenen Vogel
zu notieren oder eine Beobachtung auf-
zuschreiben, im Nachhinein werden Sie
sich über diese Gedächtnisstütze freuen.
Wenn Sie ein Bestimmungsbuch zurate
ziehen, kann manchmal allein schon über
Datum und Ort die Suche nach der richtigen Art eingegrenzt werden. Stichwor-

te sind hier beispielsweise „Lebensraum"
und „Zugverhalten". Mit der Zeit entwickelt man sich dann zum fortgeschrit-
tenen Vogelbeobachter oder sogar zum
Experten. Selbst Experten müssen aber
immer noch genau hinsehen, um beispielsweise einzelne Vögel seltener Arten
zu erkennen.

Stockenten – Männchen mit Weibchen
oder doch Jungvögeln?

Internet und Smartphone

Im digitalen Zeitalter ist die Bestimmung
einzelner Vogelarten auch über das Internet oder mithilfe des Smartphones möglich.

Die großen Naturschutzverbände, wie
NABU, LBV und andere, bieten auf ihren
Internetseiten z.B. im Rahmen der Stunde
der Winter-/Gartenvögel Bestimmungshilfen an. Über Internetportale wie beispielsweise www.naturgucker.de kann
man Fotos hochladen und um die Bestimmung der Art durch andere Nutzer bitten.
Verfügbar sind weiterhin sogenannte Be-
stimmungs-Apps, die helfen sollen, einen
Vogel oder seine Stimme direkt im Gelände über eine Smartphone-Aufnahme in
Bild oder Ton zu identifizieren.

Grünspecht und Elster (o.li.), Stockenten (u. li), Vogelbeobachter mit Spektiv (re.)

Spaß am Beobachten

Vogelbeobachtung ist ein schönes Hobby. Es vereint so positive Aspekte wie frische Luft, Steigerung des Wohlbefindens durch den Aufenthalt in der Natur, Erfolg und Anerkennung.

Es wäre doch schade, wenn der Schwund der Artenkenner weiter zunimmt, und zwar nicht, weil immer mehr Arten verschwinden, sondern weil sich niemand die Mühe macht, Arten kennenzulernen, an Bestandserfassungen teilzunehmen oder sein eigenes Wissen weiterzugeben. Außerdem macht Vogelbeobachtung einfach Spaß!

Interesse? – Adressen

Für Informationen und Tipps rund um Vögel, Bestimmungshilfen, Veranstaltungen, Fortbildungen, Mitmachen u. v. m. sind folgende Adressen gute Anlaufstellen:

Naturschutzbund Deutschland e. V. (NABU)
(BirdLife Partner in Deutschland)
Charitéstr. 3, D-10117 Berlin
Tel. 030-2849840, Fax. 030-2849842000
nabu@nabu.de, www.nabu.de

Landesbund für Vogelschutz in Bayern e. V. (LBV)
Eisvogelweg 1, D-91161 Hilpoltstein
Tel. 09174-4775-0, Fax. 09174-4775-75
info@lbv.de, www.lbv.de

Dachverband Deutscher Avifaunisten e. V. 8DDA)
An den Speichern 4a, 48157 Münster
Tel. 0251-210140-0, Fax: 0251-210140-29
info@dda-web.de, www.dda-web.de

BirdLife Österreich – Gesellschaft für Vogelkunde
Museumsplatz 1/10/8, AT-1070 Wien, Österreich
Tel. 0043-1-523 4651, Fax. 0043-1-524 4650
office@birdlife.at, www.birdlife.at

Schweizer Vogelschutz SVS/BirdLife Schweiz
Wiedingstr. 78, Postfach, CH-8036 Zürich, Schweiz
Tel. 0041-44-457 7020, Fax. 0041-44-457 7030
svs@birdlife.ch, www.birdlife.ch

Weiterlesen

Beobachten und Bestimmen

Bergmann, H.-H., Helb, H.-W. & S. Baumann 2008: Die Stimmen der Vögel Europas. Aula-Verlag, Wiebelsheim.

Fiedler, W. & H.-J. Fünfstück 2021: Heimische Vögel ganz nah. 111 häufige Arten schnell und sicher unterscheiden. Quelle & Meyer Verlag, Wiebelsheim.

Fünfstück, H.-J. & I. Weiß 2018: Die Vögel Mitteleuropas im Porträt. Quelle und Meyer, Wiebelsheim.

Schäffer, A. & N. Schäffer 2020: Gartenvögel rund ums Jahr. Beobachten, füttern, ansiedeln. Aula-Verlag, Weibelsheim.

Svensson, L. 2012: Der Kosmos-Vogelführer. Franckh-Kosmos Verlag, Stuttgart.

Vögel Füttern

Schäffer, A. & N. Schäffer 2017: Vögel füttern im Garten. Ganzjährig und natürlich. Eugen Ulmer Verlag, Stuttgart.

Garten

Wlitt, R. 1999: Ein Garten für Vögel. Kosmos, Stuttgart.

Witt, R. 2013: Natur für jeden Garten. 10 Schritte zum Natur-Erlebnis-Garten. Naturgarten Verlag Ottenhofen.

Bildnachweis

Die angefügten Buchstaben bezeichnen die Position auf der Seite (o. = oben, u. = unten, m. = mittig, li. = links, re. = rechts).

Bergmann, H.-H. 69 o.
DDA 66 u.
European Commission 67 u.
Ferdinand, J. 55 u. re.
Fünfstück, H.-J. 16 u., 42 u., 48 m., 54 m., 56 u. re., 63 o., 71 u. m., 72 o., 72 m.
Gerstenberger, D. 84 m.
Grimm, M. 65 u. m., 86 m.
Kriegs, J.-O. 55 u. li.
LBV-Archiv Andreas Giessler 10 u.
LBV-Archiv Christoph Moning 62 u., 63u. li.
LBV-Archiv Erich Obster 76 u.
LBV-Archiv Herbert Henderkes 54 o.,55 o., 84u. li.
LBV-Archiv Marcus Bosch 86 u. re.
LBV-Archiv Rosl Rößner 69 u., 77 o., 77 u. li.
LBV-Archiv Thomas Rödl 100
LBV-Archiv Thomas Staab 68 u.
LBV-Archiv Viktor Oswald 13 u.
LBV-Archiv Zdenek Tunka 38 u. re., 56 m., 59 u. re., 90 u. re., 91 u. m.
Lietzow, E. 85 u. li.
Moning, C. 71 o.
Pixabay 82 m.
Pixabay 11066063 28 o., 37 u. li.
Pixabay 11333328 21 u. m.
Pixabay Adak 52 o.
Pixabay adege 8 o.
Pixabay adriankirby 73 u. li.
Pixabay Alecandra-Blume 75 u. re
Pixabay Alexas Fotos 48 o., 49 u. li., 49 u. re., 50 m., 51 u. li., 51 u. re., 66 o. re.
Pixabay andre costargent 82 o.
Pixabay Annick Vanblaere 21 u. li.
Pixabay Arek Socha 40 u.
Pixabay B. Schmidt 63 u. m.
Pixabay Beverly Buckley 20 m.
Pixabay bluebudgie 11, 34 u.
Pixabay Capri23auto 28 u. li., 51 u. m.
Pixabay Carabo Spain 43 u. li., 46 u.

Pixabay Carola68 33 o. m., 45 o., 45 u. li., 45 u. re., 83 u. m.
Pixabay Cock-Robin 65 o.
Pixabay D. Apolinarski 39 u. li.
Pixabay David Mark 85 u. re., 93 u. m., 98 li. u.
Pixabay DerWeg 75 o.
Pixabay Dieter Stehle 77 u. re.
Pixabay Doreen Sawitza 95 u. li., 95 u. m.
Pixabay Else Siegel 44 u.
Pixabay Erik Karits 28 u. re.
Pixabay Evgeni Tcherkasski 35 o., 35 u. li.
Pixabay Foto Rieth 31 u. m.
Pixabay frechdaPixabayx 61 u. re.
Pixabay Free-Photos 24, 88 u. re.
Pixabay Gábor Hereski 34 o.
Pixabay Gabriele Lässer 51 o.
Pixabay Georg Wietschorke 38 o., 43 o., 67 re., 74 o., 80 m.
Pixabay Gerhard G. 96 u.
Pixabay Groß R 60 m., 91 u. re.
Pixabay Hans Braxmeier 14 o., 30 m., 49 u. m.
Pixabay HE1958 83 u. re.
Pixabay Ingela Skullman 99
Pixabay JacekBen 37 u. m.
Pixabay JacLou DL 26 m.
Pixabay Jan Erik Engan 54 u., 84u. re.
Pixabay Jasmin Raffaele 71 u. re.
Pixabay jggrz 27 o., 60 u. re.
Pixabay Josep Monter Martinez 43 u. re.
Pixabay Jürgen Richterich 36 o., 36 u.
Pixabay Karen Arnold 49 o.
Pixabay Karin Herzog 77 u. m.
Pixabay Kathy Büscher 26 u., 29 o., 31 u. re., 56 o., 65 u. re., 80 u., 94 o.
Pixabay Klaus Reiser 31 u. li.
Pixabay klimkin 74 o.
Pixabay Kurt Bouda 14 u., 68 o., 81 u. li.
Pixabay Leopold13 63 u. re.
Pixabay Les Whalley 47 o., 73 u. m.
Pixabay Lord_ArronaX 36 m.

Pixabay Lorn Slack 52 u.
Pixabay Mabel Amber 42 o., 43 u. m.,
    93 u. li.
Pixabay Marc Pascual 30 u. li., 57 u. li.,
    62 u.
Pixabay marcel kessler 75 u. li.
Pixabay Marie-Christine Vinent 89 u. m.
Pixabay Markku Vuorenmaa 75 u. m.
Pixabay marliesplatvoet 73 o.
Pixabay Meli1670 96 o.
Pixabay Mircea Iancu 92 m.
Pixabay Montevideo 12
Pixabay Nicky Pe 50 o.
Pixabay nightowl 18 u.
Pixabay nobbymg 21 o.
Pixabay Oldiefan 28 m., 29 u. li., 30 o., 34
    m., 35 u. re., 45 u. m.
Pixabay Patou Ricard 97
Pixabay Peter Kasteren van 95 o.
Pixabay Petra Göschel 60 o.
Pixabay Philipp Rassel 31 o.
Pixabay PublicDomainPictures 70 o.
Pixabay ray jennings 73 u. re., 81 o.
Pixabay Sabine Löwer 81u. re.
Pixabay Schwoaze 76 o.
Pixabay Sharon Ang 93 u. re.
Pixabay Simon Marlow 58 m.
Pixabay sipa 87 u. re.
Pixabay skeeze 48 u.
Pixabay SnottyBoggins 37 u. re.
Pixabay Susann Mielke 20 o., 26 o., 80 o.
Pixabay Susanne Jutzeler 92 o.
Pixabay susanne906 88 u. li.
Pixabay SusanneEdele 38 m., 39 u. m.
Pixabay Szabolcs Molnar 62 o.
Pixabay Takashi Yanagisawe 47 u. re.
Pixabay Tania Van den Berghen 18 o.,
    29 u. m.
Pixabay Tee Farm 9 o.
Pixabay Tess Pixy256 70 m.
Pixabay TheOtherKev 8 m., 9 u., 21 u. re.,
    27 u. m., 27 u. re., 29 u. re., 32 o. li., 35
    u. m., 50 u., 53, 55 u. m., 56 u. li., 58 u.
    li., 60 u. li., 65 u. li., 72 u., 85 o., 88o., 88
    m., 89 u. re., 94 u., 95 u. re., 98 li. o.
Pixabay Thomas Wilken 83 u. li.
Pixabay Tomasz Podlak 44 o.
Pixabay Trond Giæver Myhre 17 u.

Pixabay Ute Becker 85 u. m.
Pixabay valpictures44 82 u., 83 o.
Pixabay Waldemar Zielinski 20 u., 57 o.,
    57 u. m., 57 u. re., 59 u. m., 93 o.
Pixabay Wolfgang Claussen 98 re.
Pixabay ykaiavn 67 o. m.
Pixabay Yvonne Huijbens 87 o., 87 u. li.,
    87 u. m.
Pixabay Анна Иларионова 59 u. li.
Pixabay Зина Чаушева 30 u. re.
Putze, M. 64 o.
Römhild, M. 38 u. li., 39 o., 90 o., 90 u. li.
Schäf, M. 37 o., 89 u. li.
Schäffer, A. 7, 10 o., 13 o., 15, 16 o., 32 u.,
    33 o. re., 40 u., 41 o. re, 41 u., 42 m.,
    61 o., 61 u. li., 64 m., 71 u. li., 78 o., 90
    m., 91
Schäffer, N. 40 o. m., 91 u. li.
Schulze, K. 8 u., 17 o., 25 li., 25 re., 27 u.
    li., 33 u., 39 u. re., 40 o. re., 46 o., 46 m.,
    47 u. li., 47 u. m., 58 u. re., 64 u., 70 u.,
    78 u., 79 o. re., 79 u., 84 o., 86 o., 86 u.
    li., 89 o., 92 u.
Thoma, M. 81 u. m.
Willner, W. 61 u. m.

Fotomontage S. 19: Schulze, K., Pixabay
    TheOtherKev, Schäffer, A. (2)